獻給所有愛貓人，也獻給勞苦功高的貓咪
因為你們給予的啟發和挑戰，改變了我們的生活

《管教惡貓》主持人 傑克森‧蓋勒克西 Jackson Galaxy
《貓用品設計達人》凱特‧班潔明 Kate Benjamin 聯手合著 盧俞如 譯

管教 傑克森的 惡貓
貓 宅 大 改 造

暢 銷 新 版

解決喵星人不法行為
的33個驚人創意

Catification:
Designing a Happy and Stylish Home for Your Cat (and You!)

目錄 Contents

作者序

貓爹給台灣的一封信

台灣貓宅長得什麼樣子？某個程度來說，我缺乏台灣文化的相關經驗，不太能掌握你們和貓咪之間的關係。

但另一方面來說，回到基本範圍內，可以想像你們在台灣會怎麼和貓咪同住。如你們所知，我是個道地的紐約客，從小在曼哈頓島長大，我的家鄉集中了1,626,159人在22.96平方英哩的土地上，大約每平方英哩住了7萬零8百26人，幾乎所有居民都只能住在公寓中，成為青少年之前，我從未踏足過近郊的獨棟房屋，直到某次看著朋友的房子，才真的忍不住問出口：「這麼大的空間，你們都用來做什麼？」

我很確定你們開始看得出來紐約市和台灣的相似之處，我們境況相同，生活空間寸土寸金。這個有點意思、或者說令人兩難的現象，尤其明顯呈現在與動物室友同住後的窘況。該怎麼平均分配室友和我們的空間？怎麼讓牠們自在做個我們所瞭解的原型貓？可以任意匍匐前進、打獵、奔跑？諸多疑問即是促使我在專業生涯之初，開始幫紐約客的貓咪貴賓們工作的緣起。愛貓之家的數量甚至比完全沒養過貓的家庭還多，但多貓之家的貓咪必須面臨與成貓，還有一些接近人類小孩的物種，甚至狗狗，展開彼此競爭激烈的領土保衛戰！

大概是從那個時候起，我開始思考如何解決相關問題，因為大多數人似乎已被有限空間綁架，但不代表我們得從此被侷限住，答案就在「垂直立面空間」上。貓咪不必非得像人類一樣只能乖乖走進面前目光所及的地方，牠們懂得先評估，然後試著進占地盤，上至天花板，下至地平面的每一吋空間都不會放過。很遺憾地，過

去我們往往忽略貓咪對領土權的需求，所以留給牠們的空間僅剩不到原來「貓咪度量衡」所劃定面積的一半，貓咪只能一起被壓縮在人類和狗狗僅存的實體空間裡。

　　我花了將近20年時間試過各種方法去驗證、測量和建立貓咪的專屬地盤──垂直立面空間。這本書裡，凱特和我同時為了台灣和紐約兩地的朋友，一起解放城市小空間，我們希望幫助所有貓咪守護者，從居家進化的基礎上深入瞭解貓咪的感受，同樣重要的還包括，你家貓咪怎麼想？牠們如何看待世界？這個世界裡的哪些地方能夠讓牠們獲得自信？只要你充分掌握這些情報，便可以親自打造一個讓愛貓和你共享幸福快樂的世界。

　　同樣身為城市愛貓一族，同樣居住在密度極高的小島上，讓我和你們緊密連結的關鍵就在於創造一個人貓和諧共存的夢想居家，這個夢想不必靠傳統方式，非得用金錢堆疊出夠大的空間，我們的祕密武器是「真愛」和「想像力」──擁有這兩項便能超越一切，借用愛爾蘭詩人兼劇作家王爾德的名言改編一下：「我們都踏踏實實的站在地面上，但仍然能夠仰望星空。」（just because we are all rooted to the ground doesn't mean we can't look towards the stars）

　　非常感謝各位願意花時間在這本書上，謝謝各位真心將你的家分享給豐富我們生命的貓咪們。衷心歡迎台灣的朋友們，一起加入貓宅共和國！

獻上光明，真愛與魔力
傑克森・蓋勒克西 敬上

貓爹的話
A Note from Jackson

當一個喵星人真是太開心了！

　　大約從1993年開始接觸小動物們的工作，我當時在美國科羅拉多州波爾德市的動物安置中心任職，花了幾個星期相處後，開始慢慢瞭解貓咪有話要說。一位同事發現有人可以和貓溝通，便給我起了「貓男」的外號，派我專門負責解讀貓咪的需求，我非常高興接下這個挑戰。

　　當時一般人認為貓咪和人類大不相同，我的意思是，如果連安置中心的員工們都只能搔頭猜測貓咪的行為模式，可想見其他人更是束手無策了吧！於是我開始累積自己的知識、不斷琢磨技能，甚至到其他的安置中心和有相同困擾的同業朋友交流。全世界你再也找不到這麼有熱忱的一群人，他們全心奉獻照顧無家可歸的小動物。這些被稱為陷入人生「困境」的小動物，常常被貼上「沒人要的貓咪」標籤，只是因為了解牠們的人不夠多，而且更殘酷的現實是「沒人要的貓咪」往往只有安樂死一途，如果這樣還不能讓「貓男」因危機意識而奮起，世上沒有其他的事可以！

離開安置中心後，我決定到私人組織工作。有段時間，腦海中常常浮現一個難解的念頭：許多飼主都有意願僱用我解決貓咪問題，而不是選擇送走貓咪。我心想這是好事呀！於是我提出了解決收容問題的建議，像是多加一些貓砂盆、玩具或貓樹（而不是把牠們全藏在地下室），但卻發現這些建議並不那麼受歡迎。人們總是希望解決問題，但最終執行的方式往往令人痛徹心扉。我接觸了幾位貓主人，他們聽到我提供的建議都非常恐慌，總覺得家裡會被搞成瘋狂老太太的貓屋。

　　感受到大家的恐慌，我自己也擔憂了起來，顯然這不是多放幾個貓砂盆放在客廳就能解決的問題，是否真正能夠將心比心，為了好好愛你的貓而願意投資多一點。人們很能理解要給愛犬專屬的毯子、玩具、餐具和一張好床，還有家裡隨處可見的臭臭牛皮潔牙骨，我們從來不會試圖隱瞞狗狗的蹤跡，如同不會把自己的孩子藏起來一樣。貓咪其實沒什麼不同，雖然牠們確實居住在家、不時四處巡邏的在場證明都不是那麼顯眼，但仍然存在一席之地。

　　很快的，在這之後的20年，我有幸見證了貓咪復興的美好年代。貓咪過去被認為是寵物界的異類、外星人、超自然種族，甚至是一種比較像傢具的家人，突然一下子人氣飆升，達到貓咪被收養和進入家庭史上前所未見的貓口高峰，我們開始瘋狂追逐各種關於貓咪的流行語、大量收集點閱超過數百萬次的貓咪短片（這些短片也造就了不少貓明星）。我心裡非常感恩，因為這些效應也直接反映在我們的救援行動中，被收養的紀錄不斷刷新。其實貓咪在數萬年前早已成為人類的幫手，好比說在農場中協助放牧——成為人類忠實的夥伴。

　　貓咪成為家人是一件很棒的事，過去人們總在想可以做什麼讓貓咪過得更好，現在反而意識到牠們也可以為我們做些事，現在絕大多數的人認

可貓咪也是對家庭有貢獻的一份子，牠們很有耐心並付出無條件的愛。大家必須理解貓咪表達愛的方式和狗不同，所以我們得花些時間去學習這樣全新的語言。

乍看之下，你大概覺得這不過是一本風格設計書，但這本書不僅於此，就像當年自以為是的我，心想提出貓砂盆的建議，即象徵了對貓咪的憐憫，結果卻被拒絕一樣。其實你將在本書看見的是我們對貓咪的真愛，書裡不會寫所謂「瘋狂愛貓人」最常用的東西，而是身為人類應該如何成熟面對我們的夥伴，我的主旨在於學習如何讓「動物世界裡彼此的真誠情誼，成就我們成為更完整的個體」。說到「主權」這個觀念，往往讓我們自以為掌握了大自然的規律，事實上等同一種鐵腕作風，忽略了貓咪身心靈各層面的需求，這種作法已經成為過去式啦。我常常開玩笑說，和貓咪幸福地住在一起的關鍵在於你能夠給多少承諾。學習貓咪的新語言、改變我們的生活環境去適應牠們，對我來說是一種進化的象徵，展現了人類堅強而深層的心志，必要的妥協是為了換取貓咪們的快樂生活。

結果我們會剩下什麼？當然是一個完美的空間呀。

我真摯地期盼，在你手中的書更勝於一本設計書，將會帶來幸福！你將擁有一個值得驕傲的家，因為這個家不只講究屋主的舒適，同時也照顧到貓咪的美好生活，對於安置中心的工作人員、流浪動物救援隊、寄養家庭或中途之家等等，更是含淚感恩的時刻。有了人類照顧，絕大多數貓咪一生中最大的障礙已然消除。這本書還會讓我們回到古埃及時代將貓咪神化並和人類一起殉葬？應該不會，讓貓咪過更好的生活，表示我們不只關心住在自己家裡的貓，而是愛護所有的貓咪。當我們開始更加關注貓咪的生與死——以人性光輝，而非以巨人的眼光看待，更多貓咪將得以存活，年復一年減少死傷，那將會是「貓爹」我人生中最美好的時光了。

總是在門前撒嬌迎接你、在寒冷冬夜為你暖好被或是蜷縮在腿上放心盡情呼嚕，和貓咪同住的獨一無二體驗是其他同伴無法取代的，牠們一貫優雅慧黠又可愛，讓我們心裡和家裡都滿足。為了回報牠們的賜與，我們必須成為貓咪守護者，並且有責任提供健康、快樂、安全又有趣的居家生活。

讓貓咪留在室內通常是保護牠們健康長壽的最好方式。不可否認的，貓咪有許多與生俱來的能力，包括登高和打獵通常在戶外可以進行的活動；但戶外環境的危險遠大於讓牠們發展本能的好處，生活在外的貓咪將面臨汽車、毒藥、被獵捕或身體卡住不能動彈，甚至遭到其他動物攻擊等諸多生命威脅。因此我們強烈建議你的毛小孩住在家裡，你有能力給牠們美好的生活，這也是《管教惡貓 傑克森的貓宅大改造》要分享的初衷。

本書將從了解貓咪如何看世界開始，假設你自己是一位設計師，而貓咪正是你所重視的客戶，你的職責就是更了解客戶的需求

和偏好，我們會先介紹「貓咪魔咒」的概念給你，讓你擁有足夠的知識，彷彿戴上一副神奇眼鏡，能夠用貓咪的視野和想法判斷這個世界。

在Part1的章節裡，我們先要呈現的是一般貓咪如何與周圍環境連結，進一步幫助你深入發掘你家貓咪的特殊偏好。有了這些珍貴訊息，便能啟發你如何調整居家環境，以適應貓咪的好惡，同時鼓勵貓咪正面發展，順利消除任何沮喪消極的念頭。

而Part2的章節裡，我們提供了全方位的實例和靈感，一切都為了創造完善設計的貓宅，讓你的貓咪得到所需的刺激，某種程度上也讓你覺得快樂。請不要覺得你必須妥協，把整個房子換成米色地毯才能得到貓咪的認可，絕對不是這樣！和貓咪同住一個家，是要讓你仍覺得自豪又開心舒適。《管教惡貓 傑克森的貓宅大改造》希望你住得有風格，而且只需要多加一些好點子和創意。

「住宅貓化」並不一定是個艱困的任務，它可以很輕鬆，比如重新擺設現有的傢具。我們將在書中提供各式各樣實際案例，包括很多簡單又不貴的方式，我們希望你能在現有的空間中找到更多靈感，無論你的技術或預算如何，都能和貓咪住得稱心如意。

為什麼要「貓化」

「住宅貓化」的過程是為了讓你和你的貓咪得到快速又顯著的效益，許多貓咪的行為可以透過改善環境達到一定的效果，甚至完全清除。通過貓咪認證是最基本的，無論是一隻或多隻貓都適用，當然多貓之家的挑戰會更高，尤其要多貓和平共處一室有難度。透過設計調整，爭取每隻貓的活動空間不失為和樂之道，而且小空間

也辦得到。貓化之後的屋子對所有家人——主人、貓、狗等等都能有紓壓之效，無壓放鬆的居住環境不但可以增進健康，更能提升生活品質，對每個人都好。

更棒的一點是，只要你的貓咪開心，你就會更加幸福，你們之前的關係也會更為昇華。

我們衷心盼望透過這本書的資訊和想法交流，啟發更多朋友把貓咪同伴帶回家、也帶進你的生命中。在美國我們已經面臨了寵物數量爆增的問題，而貓咪棄養的情形又比其他動物更嚴重。我們相信《管教惡貓　傑克森的貓宅大改造》將是這波改變的關鍵力量之一，如果所有貓咪守護者可以多了解貓咪如何看世界，而隨其喜好做些調整，越多貓咪得以成為幸福快樂的個體，越少貓咪需要進入安置中心或更糟的得流落街頭靠自己求生。

敞開你的心胸、開放你的溫暖家庭給貓咪同伴（們）吧，那會是做了就會充滿喜樂的一件事！讓我們一起來住宅貓化吧！

傑克森和凱特敬上

PART 1

瞭解貓化
Understanding Catification

貓咪的原型
The Raw Cat

貓咪和這個世界有特殊的連結方式，如果你願意多花點時間了解牠們的期望，貓化你的家一點都不難。當然，每隻貓都是不同的，在Part 1的章節將會有所說明。在翻開之前，何不戴好你的「貓咪眼鏡」，從貓咪的眼光瞧瞧牠們如何看待身處的環境。

什麼是貓咪的原型

我們想談到的貓咪原型，大約是先拿掉現代家貓通常擁有的——漂亮的貓窩、舒適的生活方式、隨時有得吃喝等等，牠們的原始性格是個忠實的肉食性掠奪者，穩坐食物鏈的中間。也就是說，牠們天生同時是獵物、也是掠食者；原型的貓咪永遠保持一隻眼睛睜著，無論在捕獵時、保護資源或地盤時，甚至睡覺或恍神之際，牠們無時無刻維持敏銳的意識去獵捕、或者被獵。這些行為不難從日常生活發掘，像是牠們注意到天花板的一隻飛蛾或窗外的鳥兒

——表示牠們已在備戰狀態。你可以透過貓咪的眼神、耳朵位置或肌肉線條來觀察當他們看到另一隻貓走進來的反應——表示牠們正在判讀來者是敵是友、是否造成領土內的威脅，這是貓咪數萬年來所培養出的能力。

如果你已經開始學習原型貓咪的行為模式，以及家貓如何與環境連結，不妨從以下三個項目開始認真觀察找出答案：

「我家貓咪如何表現內在的原始特質？」

「我家貓咪曾經表現出哪些原型貓的行為？」

「我家貓咪在哪些地方表現出原型貓的行為？」

人類與貓咪的關係

人類文明發展過程中，貓咪也扮演了推手的角色。早在數萬年前，現今中東區域農業發展興盛之際，常在戶外豢養貓科動物來防止害蟲，因而漸漸與人類產生越來越多的相處機會，並形成一種互

生互利的關係，人類需要貓咪幫忙控制有害動物的大量繁殖，而貓咪恰巧本性熱衷追捕那些會吃掉農作物的嚙齒動物們（老鼠、松鼠、豪豬等）。

貓咪對人類的幫助出自於本能，無關品種。這點和其他動物不太一樣，比如我們熟悉的犬類，經過長期人工培育改良而發展出不同屬性的品種，有的專長放牧，有的擅於打獵，有的是天生守衛。從諸多實例來看，必須很公平地說，總體而言貓咪並不容易被馴服。

貓咪習慣居住在人類社會附近，又能夠獨立生存，牠們與人類的相處出於一定的選擇，因而能保持與生俱來的原始野性。

大約在維多利亞時代開始（西元1837—1901），貓咪已經擺脫控制害蟲的配角角色，慢慢被視為寵物。維多利亞女王本身就是愛貓一族，她積極擁護動物的權益，身邊同時養了許多寵物，其中包括兩隻最疼愛的藍波斯，也因為女王對貓咪的崇尚，社交界掀起了養貓的風潮，進而有更多人把貓咪帶入家中。

雖然貓咪自此正式登堂入室，牠們和人類的關係改變並不大，無論從營養、生理或情感需求上，依然保持原始平衡。這本書的旅程即將開始，我們也將以這樣的平衡步調進行，雖然我們的目標是達成人類需求和貓咪原型世界的完美結合，其中還是包含了一點點讓貓咪取悅我們的祕密。（喔喔！）

貓咪移民室內

即便維多利亞女王時代已經把貓咪視為寵物，從自由出入室內外的野放貓咪，到只准待在家裡的貓也花了好一段時間轉型，甚至到今日都還在適應完全室內的生活。而且根據美國人道協會（The Humane Society of the United States）統計，有養貓的家庭為9,560萬戶，超越8,330萬養狗的家庭，一般認為這樣的發展與大量人口移往大都市生活有關，貓咪比較容易融入小空間，且生活相對獨立自主，依賴飼主照料的程度也較低，非常符合當代繁忙社會的生活模式。

貓咪一旦住進室內，所有的生活大小事便掌握在主人手上，何時何地做何事、在哪裡吃喝拉撒都將由別人控制，其他社交機會或同類活動也交由飼主安排。對貓咪來說，這樣的生活有如難以下嚥的苦藥。

貓咪是所有肉食性動物中唯一被馴化為寵物的，被迫放棄原來自由自在、活躍不羈的浪人生活，轉而成為有空間限制、低活動量的居家宅貓，飲食模式也從少量多餐的狩獵生涯改為由主人安排的減肥餐，通常這類「便餐」的份量超過，卻缺乏足夠蛋白質，其中的蛋白質種類、脂肪和碳水化合物等營養成分比起貓咪在野外獵來的禽鳥、昆蟲或鼠類等等要差得多。家貓更常見的狀況還包括不太有機會吃肉，以不適合牠們身體構造的任食方式飼養。

有些貓咪主人努力讓牠們融入人類生活，但未能考慮到貓咪的天性和需求，以致於牠們的不快樂便透過讓主人不開心的行為來發洩。因此每位主人都應該多了解自己的貓咪，順利的居家化過程應

該包含關注他們的行為、舒適度和健康。

　　調查指出多數家貓的健康問題多半不與營養條件有直接相關，反而是主人強加改變生活模式最容易造成問題。

　　貓咪移民室內並非都是壞處，家貓在有足夠醫療照顧之下的平均壽命已從住在戶外的4.5年增加至15年，這個數據告訴我們並不一定要讓貓咪回到原始生活，而是選擇適合居家的貓並且提供牠們足以伸展肌肉、放鬆心靈的環境。

　　住宅貓化雖然看起來是為原型貓咪設計，其實仍然適用於所有人，當所有主人都願意投注時間為這些來自戶外的肉食性毛孩子打造健康、有趣的生活空間，相信便能讓主人和貓咪幸福快樂一輩子。

貓咪的感官

　　以掠食者和獵物雙重身分生存在大自然中，貓咪的行為和溝通模式是在防範食物和領土被侵擾於未然，這些動作就像前哨戰般先偵察一樣。因此千萬要牢記，貓咪對世界的感受乃基於五感探索而知，其敏銳度遠遠超乎人類。

視覺

　　相較於人類的視界大約180度，貓咪的視覺範圍則有200度，從掠食者的身分，牠們必須保持正前方的高度警覺。人類的中央視

角雖然也很銳利，卻不及貓咪能夠在昏暗光線下偵測物體移動的絕佳能力，這是牠們身為一名好獵人的重要特質。因此必須牢記：瞬間的劇烈動作，尤其是意想不到的臨時狀況，反而更會激起牠們本能，進而會放大關注和回應。根據倫敦城市大學（City University of London）生物學家的近期研究指出，貓咪和狗狗其實能夠看得見紫外線。

觸覺

貓咪的毛囊受體對於快與慢的動作也具有高度敏銳性，這些觸感是非常直覺的。對某些貓咪而言，最輕柔的撫拍動作都可能引起很大的反應，也因為如此，牠們的回應往往被認為是一種過度刺激下產生的侵略感。

貓咪從嘴唇上緣到鼻子之間，約莫有4組24根可作用的貓觸鬚，臉頰兩側也有分布一些，還有眼睛周圍、下巴、手腕以及後腿一帶。這些觸鬚會將接受到的訊息回傳到腦部，所以即便貓咪沒看見也能描繪出3D立體的環境圖像。

聽覺

貓咪可聽見的聲音頻率較寬，甚至包括超音波，貓咪能夠聽見絕大多數人類無法聽到的音波兩極端，尤其是高頻。貓咪的耳朵構造上除了讓聲音從耳道進入之外，透過耳廓的變化還可以定位音源位置，牠們耳朵約有300度的旋轉角度，就像一對在後腦勺的眼睛般，在牠們可能成為獵物時能夠及早覺察。由於這樣特殊的生理構造，貓咪的聽力敏銳度遠高於許多音頻。

嗅覺

　　貓咪的絕佳嗅覺能力也是不容置疑的，遠高於人類能力的5～10倍之上。牠們擁有的「犁鼻器」是一種被包覆在鼻子根部皮膚細胞中成對的管狀構造，開口位於口腔頂壁，整體則在鼻腔底部，運作時會促使鼻壁上的液體流過犁鼻器的化學受器，進而產生訊號後傳遞，接著引發腦部行為，尤其能夠偵測費洛蒙；另外還有一項當貓咪微微撩起上唇、打開嘴巴的聞嗅動作，常被誤以為是特殊反應，其實是一種被稱為「裂唇嗅反應」（flehmen response）的獨特功能。透過以上動作不僅能在鼻內感受氣味，在嘴裡也可以，可說是貓咪們很平常的行為。透過「犁鼻器」和「裂嗅唇」多方收集而來的資訊回傳腦部整合，貓咪便能夠快速分析自身環境和附近其它動物的即時狀態。

　　貓咪敏銳的感官體驗經常造成牠們的超負荷狀態，當以上五感同時發生，很容易累積為一股綜合性的刺激和壓力，這種多重壓力合在一起會比單一但高程度壓力來源更為沉重。

貓咪的肢體語言

　　貓咪非常善用肢體語言來表達情緒，牠們的耳朵、尾巴、觸鬚和姿勢都展現了愉悅、緊張、自信或缺乏安全感等等線索。主人必須透過這些資訊分析了解貓咪是否處於有安全感的狀態，如此一來

才能夠有效進入居家「貓化」過程，當然每隻貓咪身體語言表達的方式不盡相同，別忘了每隻貓咪都是獨特的個體。以下是常見的標準範例：

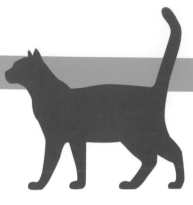

尾巴的位置

尾巴高舉

高高舉起尾巴，頂端稍微垂下像個問號時，表示你的貓咪很開心，表現友善並心情愉悅。

尾巴低垂

放下尾巴表示貓咪現在有點害怕或覺得被威脅，另一種可能是他們正盯上了某個獵物。

尾巴搖擺

如果發現貓咪正在擺動尾巴，表示牠們可能正在進入某一狀態，或者心情有點激動起伏正在變化。

尾巴毛髮豎立

「怒髮衝尾」表示貓咪生氣了，牠們想要讓自己看起來
更雄壯、更嚇人，擊退面臨的威脅。

耳朵的位置

耳朵往前

耳朵往前的時候代表貓咪很放心、有自
信，也覺得高興。

耳朵往上

豎立起耳朵等於正在警戒，並嚴密觀察周圍環境。

耳朵往後

把耳朵張開向後，顯示貓咪有點緊張不
安了，甚至覺得惱怒。

耳朵平放

看到耳朵扁下來，通常因為附近有不尋常的訊號，牠們覺得害怕和可能被侵犯而產生防衛。

觸鬚的位置

觸鬚向兩側張開

鬍鬚向兩側張開的表現是貓咪最平和的自然狀態，牠們覺得放鬆而滿足，沒什麼打擾或煩惱。

觸鬚貼臉朝上

觸鬚上揚向臉貼近時，牠們可能有點擔心受怕或有所防備了。

觸鬚向前

向前方伸出觸鬚是因為正在打探環境，或者想要咬咬看前方的東西

身體的姿勢

不同姿勢的展現是貓咪心情的最佳指標，由此可以了解牠們對所處
環境是否感到安適。一隻懶洋洋趴在客廳地板上的貓，正在梳洗還
是打盹；或者一隻蜷縮在床底下、藏在書架後的貓，
牠們之間差別很大。讓我們來比較一下自信安穩的貓
和擔心受怕的貓有什麼不同。

Dorling Kindersley/Getty Images

友善而好奇的貓

尾巴挺立、頭抬高高、耳朵向前走過來的這隻貓咪，
正準備要歡迎你！

放鬆而自在的貓

放鬆休息的貓咪自信充足，牠覺得安
全有保障。

Jane Burton/Dorling Kindersley/Getty Images

警戒觀察的貓

走路時尾巴垂下、耳朵忽前忽後，牠可能起了戒
心或者對環境中某些不確定感到緊張。

Dave King/Dorling Kindersley/Getty Images

情緒不穩的貓

超越了警戒狀態後，一隻被激怒的貓會把耳朵轉向後方，並且用威嚇姿勢告訴你：「喂！我現在不高興了！」

備戰待攻的貓

進入備戰情勢時，貓咪強烈感到不安，弓背豎毛哈氣，擺出恫嚇人的架勢讓自己看起來威武，並且隨時準備彈跳攻擊。

Jane Burton/Dorling Kindersley/Getty Images

貓咪魔咒
Cat Mojo

「Mojo」是一種神奇的力量，讓人覺得內心充滿使命必達的目標，因此「Cat Mojo」我們稱之為貓咪魔咒。

什麼是貓咪魔咒

是什麼讓貓咪產生動機？什麼能夠驚動牠們？答案就是「對地盤的完全掌控」和「地盤內必須要做到某件事的直覺性」，這就是貓咪的魔咒。魔咒一旦開始，牠們必定會付諸行動，包括打獵、捕捉、殺生或者吃掉牠的獵物，然後才能安穩地梳洗理毛、好好睡一覺，讓自己充滿自信。

貓咪魔咒展現在所有家貓身上，即便是親如家人的牠們，血液中仍保留遠祖的野性，骨子裡還是原型的貓咪。貓咪魔咒對於牠們如何看待這世界有著巨大影響，在原型貓咪的大宇宙中，負有使命的行動同時主宰著生存，一隻有自信的貓咪會採取積極行動，一隻缺乏自信的貓咪則會學習適應。自信的貓咪設定目標，努力完成任務；缺乏自信的貓咪則單純隨機應變。簡單的說，可以輕鬆顯露魔咒特質的貓咪，往往活得最自在。

每隻貓雖然個性迥異，加上不同的經歷可能影響了牠們對世界的看法，仍然可以從一些蛛絲馬跡中找出了解自己家每隻貓的想法。

打獵、追捕、殺戮、吃飯、梳毛、睡覺

以上六種活動是每隻貓咪與生俱來必須做的例行公事，對於環境感到安心的貓咪，每天都會順利走完這六個流程。所以即便是家貓，我們也應該提供這樣的環境和活動，讓牠們做完這些流程，包括準備一些玩具和遊戲去刺激打獵和追捕的欲望，偶爾餵餵符合生理需求的肉類餐點，滿足牠們殺生和吃食本能，當然不能忘記安排好好休息、放心梳理毛髮和睡覺的優質環境。

打獵

追捕

殺戮

吃飯

梳毛

睡覺

戰鬥或逃走：
貓咪是獵人也是獵物

在動物界，貓科幾乎處於食物鏈的上層，因而在血液裡總是充滿了打獵的衝動或被獵的恐慌，這些狀態都反映在他們的活動範圍和生活經驗中。貓咪身為天生獵人，自然會四處表現追捕獵物的行為；反之如果角色調換成獵物，便本能注意潛在危機，並尋求可能的逃生路線。你家的這隻小獅子會不斷避開攻擊，同時也會趁機追捕牠的獵物。

時至今日，雖然貓咪已然成為寵物社交界的紅牌，但牠們心中仍是那個孤傲的獵人，必須時時刻刻保持良好體能，為了這樣的體能狀態牠們得儘量避戰。在戰鬥和逃走本能中，貓咪其實更偏向逃走，並將戰鬥視為最後一個選項，牠們心裡明白同時兼具獵人和獵物的角色中，避免任何受傷的可能才是最重要的。

Brand New Images/Digital Vision/Getty Images

一旦感到不安，牠們會躲藏在能夠避開獵人追捕的庇護區。自信滿滿的貓咪很清楚牠們在慌張時無法做出聰明的決定，因此牠們總是會認真搜尋空間，準備好進出的安全路線；反之，較沒有自信的貓咪，便會直接鎖定逃跑路線和藏身處。

貓咪棋盤：關於戰略

貓咪以一種近似軍國主義的方式看待周圍環境，因此牠們需要訂立戰略方針去適應空間。貓咪會尋找有利位置從中審視，尤其特別注意角落或死角。

Blue Balentines/Imagebroker/Getty Images

 傑克森說

在遊戲的戰略中，你永遠要先考慮三件事：你必須思考對手的下一步；你會打算如何回應；同時需事先想好劇本，如同下一盤棋，你在找出攻城模式（打獵）時，也要避免被圍城（被獵）。現在你必須把一種「戰爭遊戲」的概念放在心裡，而且這回事攸關生死存亡，然後你就能像一隻貓咪來思考貓的世界。

富有戰略精神的貓咪，會在環境中宣示領土並主張資源所有。一旦資源受到威脅，貓咪必須挺身而出，劃出安全疆界，覓得可獲得水和食物的庇護所。牠們宣示地盤的方式包括藉由味道和爪痕標示出警戒範圍。

© 2014 Discovery Communications, LLC

Westland 61/Getty Images

貓咪的原型、風格和魔力

一如我們先前討論過的，貓咪魔咒都和地盤觀念（所有權）有關。在這些生存之戰的大環境中，包括自信的強勢風格以及怯懦時所反映出的姿勢和行動。透過住宅貓化，我們期盼能夠幫助所有貓咪從擁有自己地盤中找到自信、快樂和安適。這裡提供你一些準則，可把貓咪略分成三種類型：

莫希托（天生贏家）

　　我們是莫希托，一群很自信能夠掌握地盤主權的貓咪。當我們走進一個空間，必定昂首闊步，高舉尾巴，姿態從容；靠近你的時候，也許用臉或尾巴掃過腿部，並送上溫柔甜美的眼神——好一幅傲視領土、風采翩翩的畫面。想像莫希托貓咪是一位真實人物，這個畫面會是你到了這位女士舉辦的家庭雞尾酒派對，她一定會親自來到門前、用拖盤端好迎賓飲料歡迎你的蒞臨，並附上一句：「歡迎你過來！請先享用一杯Mojito（莫希托）調酒吧！要不要多加一點萊姆呢？快進來吧，讓我先帶你到四周看看。」莫希托貓展現了貓咪的魅力，因為她主導了這個環境，舉止自然大方有氣度，完全的自信源於她非常肯定這地方的一切都令她百分百放心。

拿破崙（領袖人物）

　　接下來要介紹拿破崙出場，當你遇見這傢伙，牠的耳朵通常會朝向前方，用雙眼緊盯著你，身體稍蹲伏著、以守待攻呈臥虎之姿，牠心裡一開始的想法是：「你是誰？來這裡做什麼？想偷東西？」牠們也可能假裝躺在門前走道上，意圖確認你的下一步是否會跨越這條邊界。拿破崙貓有時候會亂撒尿，因為牠們對自己的主導權不是很肯定——所以需要做記號。

　　其實萬物眾生皆如此，無論人類或動物，對自己所處勢力範圍自信不足的時候，往往反而會成為霸權意圖掌控一切。想想黑幫份子喜歡在牆上塗鴉標記的行為，是要告訴競爭對手（或世界上的其

他多數），這面牆、這塊區域和這個社區都屬於牠們。而且你們可別忘了，拿破崙貓咪缺乏魅力、缺乏自信，因為霸權——顧名思義就是被動而非主動的。

無名小卒（消失的隱士）

當拿破崙貓咪占據了門口走道，莫希托貓咪會經過旁邊大聲喝斥：「你是怎麼回事？」無名小卒貓咪這時會面對牆壁，完全不打算走進地球表面。無名小卒貓咪會這麼解釋：「這地方不是我的，你是這裡的主人吧，好的沒關係，我不打算看著你，我只是順道要去貓砂盆那邊，現在馬上離開，你不用擔心我，再見。」然後，可想見牠們很快就消失無蹤了。無名小卒貓咪無法肩負貓咪使命或展現牠的魅力，因為躲起來就是被動的，不管這個威脅是真是假，得先關注了解才有機會採取行動。

我們希望所有的貓咪都能展現獨特魅力，換句話說，也許我們認為「自信」所該有的樣子不一定適合每隻貓咪，牠們能夠順應需求、解決不安情緒，讓牠們慢慢走出自我風格便已足夠。如果你家的貓咪是一個無名小卒，你也許能夠誘導牠們走出來一些；如果你家有一隻霸道的拿破崙，不妨試試讓牠稍微收斂。為什麼要這麼做？因為我們仍期待每隻貓咪都能自在地處於自己的地盤上，而且我們認為這是可以達成的目標。

解你家貓咪的性格，從看牠怎麼進入一個空間，如何應對其他的貓或人，甚至空間。找出牠是什麼樣的貓咪，接近前頁的哪一種類型？在自家地盤上能否表現足夠自信？還是變得霸道？或者消失不見？

安心的據點

　　《管教惡貓 傑克森的貓宅大改造》想要協助大家創造一個放心又舒適的環境。貓咪需要能絕對主導整個空間，也就是説，牠們看待整個世界的方式，包括水平和垂直面，都是有價值的領土範圍，無論是拿破崙或無名小卒貓咪，你可以確定牠們都找到讓自己安心的地方。

　　當你的貓咪走進一間屋子，牠覺得最安心的地方在哪裡？請記得這是貓咪的魔咒，牠們的一生有其志業，而且同樣重要是，牠們必須把這件事做好。所以如果你的貓咪在所處環境中表現充足自信，牠會主動在這個安心的疆土上巡邏，上至天花板、下至地面，你會看到貓咪接近牠的獵物，也會看到牠們享受梳毛和休憩時光。請務必記得，躲避或不想被清楚看見，都不能完全反映出牠的自信。關於自信心，必須是察覺後的積極性，而非反應性。

　　我們整理出三種貓咪對地盤領域的派別。當貓咪可以在任一地展現原型的貓咪魔咒，我們便會稱之為牠的地盤。地盤等同於牠們覺得有自信的領域，而這也是你希望看到牠們安心過生活的據點。就讓我們來看看這三種「貓寨大王」的類別：

草叢派

　　草叢派的大王對於一些特定的點感到安心，牠們喜歡低矮、有遮蔽物的地方，比如桌子底下或者一些盆栽後面。從這個棲身處，牠們可以看見自己的地盤、觀察獵物，同時能夠放鬆地休息。想像一下在野地草叢裡的野貓，牠們守株待兔，可能突襲、可能猛撲，低著身子隨時警覺著。牠們唯一不會做的事情就是躲藏，即便看起來藏身某處，即便現在靜止不動，充滿魔咒使命的貓咪其實很專注地以靜制動。

© 2014 Discovery Communications, LLC

Nazra Zahri/Flickr/Getty Images

樹林派

　　樹林派的大王們不在地面巡邏，牠們總是高高在上，悠遊於立體垂直空間中，很容易聯想到獵豹常常把獵物帶回樹上的情景。為什麼這麼做？跑到高處不是為了躲藏，反而是要展現牠的雄風，牠們要告訴你：「我覺得這兒很安全，我的獵捕行動跟地面比起來更令人放心，而且我想讓地上的其他人看見我的豐功偉業。」

　　關於樹林派的貓咪，最重要的是任何位於高處的地方都是「樹林」。所謂的樹林，並不單是指屋簷，還包括家裡的柱子，也可能是椅子、桌子和沙發上。牠們的目的在於以垂直高度表現自信風範。

大地派

比較接近草叢派，大地派的大王們更喜歡待在平面，把四隻腳和爪子都穩穩放在地板上，不過這些大王更愛出巡一些，這個派別的貓咪，在你生活中每一天隨時隨地都看得見牠們，即便牠們只是走過客廳。和爬到樹上享用

大餐的樹林派大王相近，但大地派擁有更多在地盤內執行的活動，牠們不斷送出訊息給你和其他屋內的動物們，主張這裡所有地面都是大王的疆土，牠們說法是這樣的：「如果你打算走過這個房間，你得繞過我靠邊走去。」

不安心的據點

如果你的貓咪經常躲在床底，讓自己看起來很不起眼或完全找不到，有時候又發現在冰箱頂端蜷縮著，當然這無法表現自信。這些貓咪已經顯露出牠們的恐懼以及對居住環境的不信任，這些習慣低調的室友們四處躲藏，因為找不到一個棲身之處，牠們只想完全消失或者離開。以下幾個觀察可以了解低調室友們的行為模式：

穴居型

穴居型的害羞貓咪常出於恐懼乾脆隱形起來，牠們什麼都不打算做，只想消失無蹤。一隻穴居型貓咪總是會把自己藏進黑暗或密閉式空間，不讓人有機會找到。我們可以讓這樣的貓咪藏身僻靜的地方，但是主人必須妥善控制這是什麼樣的角落或區域。

©Susan Weingartner Photography

冰櫃型

最喜歡冰箱或櫃體上方的貓，我們稱之冰櫃型。冰櫃型貓咪常爬到高處，完全是為了遠離可能欺負牠的貓咪或人（無論這種欺負是真實狀況或純粹是一種感覺）。牠不願意下來是因為在高處才有機會消失無蹤，會感到比較安全。這時身為守護者的我們，非常重要的工作之一就是讓牠知道安全感並不等同於自信心。

你當然想幫助貓咪從穴居型變成草叢派，或者把冰櫃型轉變為樹林派。到底怎麼做才對呢？首先要做的就是——貓化你自己。把你的領域變成牠的通道，利用一些設計讓你家的貓咪在「舒適區」裡很放心地自由通行，然後慢慢地，鼓勵牠走出「舒適區」，逐漸融入更廣大的世界。如果你的貓咪已經表現出不信任——包含害怕、只想消失或不容易被看見——你的工作就是要耐心溫和引導牠們突破界線，親自示範讓牠知道牠也做得到，從恐懼之處漸漸銜接到安全區域，為牠建立一個跨入偉大領土的可能性。

神隱型

神隱型貓咪只要能躲藏就哪裡都去，包括一些很深很低的地方，像床底最深處、椅子下最角落，甚至是衣櫃裡最碰不到的地方性。神隱型貓咪可能直接穴居起來，沒有主人願意見到牠們活得這麼擔心受怕，你會希望牠們走出來，像草叢派一樣，雖然暫時藏在低矮的地方，但仍然有安心的時候。

創造一個貓窩

　　當洞穴不再只是洞穴？它就會是一個成功的貓窩！成功的貓窩有著半封閉的型態，而且在你的掌握之中。牠不需要躲在床底或一些碰觸不到的空間深處，貓窩可以隨時移動到方便社交的地方，就像「貓窩」這個名字一樣，它用神奇的變形方式幫助害羞貓咪窩出自信風采，慢慢從穴居派變成據地為王的貓咪。

了解你的貓
Getting to Know
Your Cat

經過前面的章節我們已經勾勒出所有貓咪的本質,現在可以更深入地討論個人的部分以及更進階瞭解你的貓咪,你將會需要分辨自家貓咪的個性和偏好,以便收集足夠資訊作為未來設計貓宅的參考。

了解你的客戶

想像自己是位設計師,而貓咪是你的客戶,首先最重要的便是好好瞭解你的客戶以及這位客戶對環境的偏好。這有點像偵探工作,你必須非常仔細觀察牠的一舉一動,而且當牠遇到不同情況的反應為何。最後再把所有資訊拼湊出完整的檔案,才會清楚掌握牠喜歡什麼、不喜歡什麼。

每隻貓都有獨一無二的故事，你得努力發掘出來。你的貓咪從哪裡來？過去發生過什麼事？牠的背景成就了當下的牠——牠如何看待自己的地盤，還有哪些地方讓牠安心？哪些地方讓牠緊張？請記住，實際情形可能每天都不相同，但日復一日、經年累月的細心探究終將讓你從牠的過去和經歷中找出線索。而這些記錄也是貓宅檔案計畫中的基礎。

不要被這個任務嚇到，我們也不盡然能夠清楚掌握自家貓咪的真實背景，但這是讓你認真寫下貓咪故事的好理由，就像當年為牠們取名字的心境一樣，只需要投注關愛和正面能量的想像力。這是每個貓咪主人都會感到興奮的事，你會更對這充滿魔力的小動物產生興趣，並發現牠們的一舉一動著實讓人著迷。只要記住一點，認真觀察才是打造成功貓宅的不二法門。

貓咪喜好清單

參考以下問卷為你家的每隻貓咪作答。你會需要一點時間觀察牠們，記下牠們的喜好和行為模式，在不同情境下拍些照片或錄製影片也可以幫助你分析。把自己當作一個偵探，而且想像自己是隻貓咪來思考吧！

背景資料

貓咪名字： _____

貓咪年紀： _____

貓咪在家裡覺得安心的地方

當你家貓咪放低身子時，牠是否仍然表現出自信，還是想要躲藏？
是哪些貓咪的身體語言佐證你的觀察，而讓你得到以上的結論？

_____

_____

請試著描述你家貓咪通常在地面上的那些區域活動？
牠通常在躲在暗處還是大方公開現身？

_____

_____

當你家貓咪往高處走，牠是否仍然表現出自信，還是想要躲藏？

_____

_____

你家貓咪是否會在不同時間出現在不同地方？請指出這些地方。

_____

_____

當你家貓咪走進一個空間時，牠的目光會朝向哪裡？
牠會想要去一些牠到不了的地方嗎？
牠進入空間時的行為表現如何？會直線前往桌底躲藏嗎？或者會直接
跳上椅子和你打招呼？

_____

_____

你家貓咪通常在哪裡據地為王？

根據你的觀察來回答以下問題，你的貓咪通常在什麼區域展現自信？
可能會有一個以上的地方，所以三個區域都可以參考看看。

	不常	偶爾	經常
草叢派	☐	☐	☐
樹林派	☐	☐	☐
大地派	☐	☐	☐

你家貓咪是否會神隱自己？

你家貓咪是否曾表現出以下任何一種躲避的行為？

	從未發生	偶爾發生	常常發生
穴居型	☐	☐	☐
冰櫃型	☐	☐	☐

你家貓咪是哪一類性格？

思考一下你家貓咪屬於哪一類？請先放在心上，這些性格可能隨時間
或情境變化有所不同，你家的貓咪可能早上是拿破崙，到了夜晚變成

無名小卒；或者你每天回家的時候還是莫希托，但家裡來了賓客就變成無名小卒。

你得觀察出牠們表現不同性格的頻率為何？

	從未發生	偶爾發生	常常發生
莫希托	☐	☐	☐
拿破崙	☐	☐	☐
無名小卒	☐	☐	☐

寫下你家貓咪的故事

把你家貓咪的故事記錄下來，請用第一人稱來說（而且用你家貓咪的口氣）。你對這個世界看法如何？你喜歡哪些事？你覺得哪些事有威脅感？你最愛做哪些事情，為什麼？試著找出哪些事讓你家貓咪成為現在的性格，請描述你所記得的貓咪小故事。

_____

_____

_____

_____

_____

每對父母都對孩子有所期盼，你對家裡的貓咪有什麼期望？

你現在觀察到的哪些行為呈現了貓咪的恐懼或缺乏自信？

你家的「莫希托」版本貓咪會是什麼樣子？

當你家貓咪邁向光明大道的那一天會是什麼樣子？

_____

_____

_____

_____

_____

_____

準備貓宅認證
Get Ready
to Catify！

認識了所有的貓咪習性，加上深入瞭解你家貓咪之後，現在我們開始把收集來的資訊轉換成實用的空間規劃。經過蓋章認證，促成你和愛貓同住的幸福設計吧！接下來將介紹貓宅的重要觀念，並於本書的Part2章節一一實證給大家參考。

都市計畫

把貓宅當作都市計畫的一環，那麼它將會是一個關於城市環境（就是你家）和居民（你、你的家庭、貓咪和其他動物室友）如何有秩序地共存共生的設計。都市計畫中最關鍵的問題就是交通系統，其實貓宅也一樣，大家在這個空間裡必須能夠自由移動穿

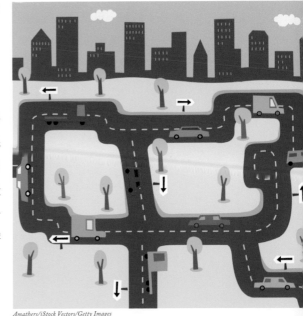

Amathers/iStock Vectors/Getty Images

梭，不會衝突混亂。因此設計你家的行走動線時，必須最先考慮解決以下的「紅色警戒區」。

熱點

　　「熱點」，通常是家中最容易產生衝突或各種行為問題的區域。這裡不但是貓咪和其他動物的是非之地，也可能是貓咪攻擊主人或訪客的地方。主因來自這些區域往往也是眾人匯集之處，對於地盤爭奪的敏感動作便相對劇烈。提供一個實用方法，不妨先用膠帶在這些熱點貼出一個大叉叉做記號，記錄你觀察發生衝突的地方。假以時日，這些記號將導引出足夠樣本，協助你發現問題，並輔以理性規劃與必要調整。

埋伏區和終點站

　　「埋伏區」和「終點站」，這兩個區域是衝突發生時的特定熱點，這是居民與空間交互關係中無可避免的結果，通常是傢具擺放位置或原始建築結構元素造成的。舉例來說，你放置貓砂盆的地方只容許一個出入口，而且放在走廊的盡頭或洗衣機後方，很自然形成一個埋伏突擊的好地方，一隻貓咪可以直接封住出入口，讓使用貓砂盆的另一隻貓咪進退兩難。埋伏區經常是角落或成為最後終結的死巷戰，不過只要有隻稱霸的貓咪意圖控制動線的中樞，即便是空間正中央也會造成同樣結果。

一旦你能夠察覺這些問題區域，也表示你有機會找出解決之道改善行走動線，以下將提供一些實用的方法：

環狀動線

就像你在真實世界看到的，創造環狀動線可以做好交通分流。可讓某個主體，像是貓樹或傢具成為環狀動線的中心，所有人的移動被迫分開，可輕易消弭不少潛在衝突。這個方法很值得一試，尤其是被你標記了大叉叉的那些熱點。

（相關實例可參閱P.271～275「拇指姑娘」和她三位室友的故事。）

旋轉門

解決埋伏區或終點站的最佳設計非「旋轉門」莫屬，可用攀爬系統、層架或貓樹來創造路線，貓咪能夠繼續通行不受阻擋，直到完全遠離危險為止。

（相關實例可參閱P.114～125「奧立佛與小辣椒」如何改變遊戲規則的故事。）

Martin Barraud/OJO Images/Getty Images

逃跑路線

當一隻貓咪被逼到角落，牠一定會注意周遭每個逃生的可能，因此如何安排逃跑的路線是非常需要的，這等同於破壞了任何一個死巷或終點站。

（相關實例可參閱P.158～169「喀什米爾與妲拉」的洗衣島大逃亡。）

貓咪幾何學

每隻貓咪進入新空間時，牠一定會馬上評估各個角度、死巷、埋伏區，甚至交通動線（可參閱P.115關於貓咪棋盤的討論）。我們通常可以從這些移動和行為中發現牠們的活動模式，這就是「貓咪幾何學」。只要能夠分析出這角度和追溯特定模式，要解決環境和行為問題就不難了。

垂直空間

如果可以，其實貓咪很習慣上天下地，住遍整個空間。貓咪是天生攀爬好手，所以設計貓宅時，認真考慮納入垂直空間的設計是很合理的想法。還記得我們談到「樹林派」貓咪，牠們的垂直空間不是只有向上跳，任何一個高於地板的平面都必須被囊括，無論是椅子、桌面或書架上，直到家裡的任何制高點。

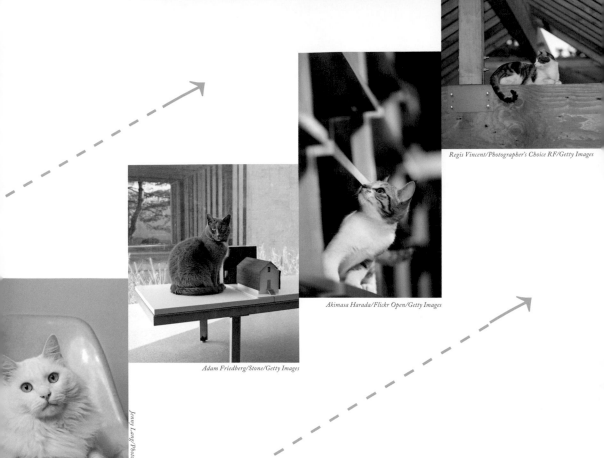

Regis Vincent/Photographer's Choice RF/Getty Images

Akimasa Harada/Flickr Open/Getty Images

Adam Friedberg/Stone/Getty Images

Jenny Lang/Photonica/Getty Images

貓咪超級跑道

　　超級跑道是貓宅中非常重要的元素！超級跑道的用意在於讓貓咪不需要碰觸地面就能跑遍全室。掌握這個關鍵，才能創造出順暢的貓咪動線，並且能整合與垂直空間的連接點。因此，超級跑道應該是每個貓宅中最主要的設計重點。

一個值得讚賞的優良貓道，應該和人類的高速公路有相同標準：每座跑道應具備最佳的通行效率和最低的碰撞機率。依據以上準則，我們可歸納出以下可執行的重點：

複數道路

這條跑道上應該有數個通道交錯，尤其家中有數隻貓咪時更需要注意，在貓咪跑道上不應該只能沿著既有安全路線行進，更要把想像得到的虛擬垂直動線設想進去，多增加一些通道不僅能讓動線更順暢，也讓貓咪在探索不同高度時有更多選擇。

（相關實例可參閱P.95「直搗貓爹的巢穴」給你一些實際的跑道設計建議。）

交流道

利用交流道的設計讓貓咪們自由進出超級跑道，這也會是牠們最佳的逃生路線。當你著手設計超級跑道時，尤其是多貓之家，千萬要記得多增加幾個交流道。

目的地和休息站

當你在審慎評估貓道計畫時，就必須像是專業的交通規劃設計師，問問自己：「這條路將通往何處？」設定目的地才能讓你的貓咪有理由使用這條路。目的地和休息站的差別，取決於這個空間的功能和性質。舉例來說，書架頂端放置了貓床，便成為通往這條路上完美的目地的，而沿途上幾個較小的地方，便是貓咪暫留或觀察的休息站。

關於設計超級跑道還需要注意的規則如下：

熱點、埋伏區和終點站

一如之前在都市計畫談到的，雖然我們有垂直空間可供利用，不代表這些地方不會發生衝突，即便有了超級跑道仍要多多關心可能發生的各種路況，比如在造成死巷的地方增加交流道方便出入，並且保持足夠的衝刺長度。

窄巷

和真實社會的路況相同，車道變窄的地方容易造成交通瓶頸。交通一旦打結，潛在衝突的機率便增加了。因為在貓咪的世界裡，僵局等同於戰局前哨，貓咪出現對峙時不容易看出徵兆，但一定會彼此緊盯不放，當貓咪們文風不動且凝視對方，代表馬上有事要發生了。因此跑道的寬度要足以讓雙方舒適行進（至少20～23公分寬），多貓的家庭更要在每個貓道上留出兩隻貓咪的並行寬度，或者安排其他可替代和選擇的路線。

碰不著的地方

弄得主人自己也碰不到的設計是貓宅的一大隱憂。請確保所有通路跑道都能讓你在緊急狀況下能立即處理，想像你必須追著貓咪整屋跑，同時得帶著梯子或清出一條路才行，甚至有時候你只是要帶貓咪去一趟獸醫那兒，可偏偏設計的通路跑道連自己都搆不著。確保沒有碰不到的地方，也表示你清理起來會更輕鬆。

誰來劃定地盤

　　貓宅設計的最後一塊拼圖，就是該由誰來劃定地盤。我們已經學到貓咪的自信是展現在領土所有權上，貓咪需要劃定疆界鞏固主權和信心，牠們對於這件事的正面作為便是留下一些氣味和記號（抓痕等），讓其他貓可以清楚看見或嗅得此訊息，但消極的作為就可能是到處噴灑氣味或亂撒尿，而這個習慣絕對是貓宅要避免的事。

　　當你重新審視自己的貓宅，一定要把誰來劃定地盤這回事考慮周全，因為如果你不做好決定把大家放在對的地方，你的貓咪會替你做決定，而不巧的是，你通常不會喜歡牠們的決定。貓咪喜歡用坐著或睡在一個地方把自己的氣味留在傢具上，所以你不妨多增加幾個貓樹、貓床、磨爪柱、毯子或玩具等等，讓每隻貓都能夠擁有自己的地盤。

氣味吸收道具

　　材質柔軟的物品較容易吸收味道，我們稱之「氣味吸收道具」。所以舉凡貓床、毛毯、布類傢飾、紙板或磨爪柱，貓咪可以藉由磨蹭和磨爪輕易地留下氣味。

日晷效應

你家有貓咪嗎？你有窗戶嗎？如果你正在閱讀本書，我打賭你至少有第一項，然後如果你有個地方住，不管在哪裡，應該也有第二項。這兩者合而為一，表示你準備好了，你會有一個貓宅專用的貓咪日晷。

在我們的經驗中，貓咪很喜歡跟著太陽在房子裡繞著走，你可能會發現牠們競爭激烈的某些地盤，恰巧都是特定時間裡陽光會照進的地方。如果領悟到這一點，我們可以為這群「拜日教徒」做的，便是把舒服的氣味吸收道具主動放在這幾個牠們貪戀的地點。如此一來，某些熱點可能會變成更重要的地盤，像是沙發旁邊或床沿一帶。強大的日晷效應對多貓之家非常好用，在太陽曬得到的位置多加幾個貓床、貓窩、貓樹等，當陽光如預期照入你家的任何時刻，都是貓咪學習與其他貓共度良宵這門藝術的機會。你完全不需要懷疑，肯定能看見這幅景致活牛牛在眼前──一隻貓咪走向另一隻正在窗邊或窩在躺椅的夥伴（也可能是仇人宿敵）身旁靜靜坐下，輕聲細語地（或許沒有那麼輕啦）說道：「阿門！現在是清晨6：03分，你知道，我永遠挺你！」而且，這情境會經常上演。請記得，消除貓咪緊張的最佳良方就是提供足夠地盤，滿足牠們的需求就不用透過搶奪資源取得主權，日晷效應會順利帶領你走向康莊大道。

貓宅不僅止於你家外牆

當你已經在試著設計貓宅，應該同時注意牆壁以外的場域，別忘了關心一下牆外發生的事。你是否有後院？那邊有其他動物出沒嗎？也許可以增加一些遮蔽視線的障礙物或其他可能的結構體，藉此消除這些區域可能帶給貓咪的緊張感。

貓爹散步

我們將介紹貓爹傑克森在進行貓宅改造前的環境評估過程，你可以從中得知如何勘查你家，透過勘查發現哪些事能做，哪些不可行，這都是非常重要的功課，並足以成為快樂貓宅的一切根基。

🐾 傑克森說

當我走進一個空間，我會立刻環顧四周。第一眼，我想看到有幾隻貓咪在附近，是單獨一隻還是多貓之家？實際數量是多少？有沒有狗狗的蹤跡？還是有小朋友？然後我才開始進行觀察。最優先要看的，就是平常的交通狀況如何、原始的交通結構和各個目的

地、休息站、埋伏區在哪裡。舉個例子，一張桌子就在那兒，我看到一隻貓咪坐著。牠在等什麼？等著另一隻貓咪從角落走過來時撲上牠？蓄勢待發前暫時靜止不動在貓咪的世界裡很平常，牠們連肌肉都不會抽搐一下，因為牠們一旦行動絕對要手到擒來。

接下來便是卸除戒備的時候，我會尋找所有埋伏區和死角，這些地方通常易有紛爭，但也是專業貓咪棋盤玩家的戰爭遊戲場。我會帶著一捲膠帶把這些熱點標記起來，同時列出清單：這裡需要多增加出口、這裡需要封鎖、這個地方得被處理掉。我們必須確認所有區域都具備逃生路線。

雖然貓咪世界彈無虛發，但人類世界還是可以念隨心轉，貓床、抓板、毯子、貓砂盆──都是潛在的地盤，我們只要習慣四處亂放這些創造地盤的小物。我把每件物體都當作可能的氣味吸收道具、地盤標示、交通樞紐或者當做旋轉門使用，我的工作是在地盤之爭中找回秩序，如果看到一個貓抓板在屋內，它只是杵在那，還是可以發揮作用？如果更好一些我們可能還有個貓樹呢？「為什麼需要它？」這時候，我通常會希望主人勇於承擔這個責任，他們該做自己相信的事，所以千萬不要買了貓窩、磨爪道具、貓砂盆，最後卻放在陰暗的角落。磨爪道具最好放在空間的出入口附近，比如把貓樹放在窗邊，貓咪們就會想要在這裡做些什麼，它不僅成為一個目的地，也可以成為避開衝突的替代道路；可能是整個設計規劃中很不錯的重點，或者只是單純放著也好。

再來我的目光會轉移到地面4呎以上，大約書桌或餐桌椅高度的地方，我會觀察貓咪如何在這一帶活動，然後開始想像超級跑道怎麼設置，貓咪們會怎麼利用它們在屋內穿梭而不需要下到地面（如

果牠們需要）；我們有這張邊桌連接到那張椅子，椅子可以跳上餐桌，接著直到書櫃再下來。很好，這個高度的事情已經安排好，但是再往上走怎麼處理？一般家庭在4呎以上（約1.2公尺）的空間裡很少有擺設，所以我們應該增添一些東西，我會想要加上幾個上下坡道和目的地，把終點站這些死角解決掉等等。

把地面到天花板之間巡查一遍，可以幫我收集充足資訊——交通狀況、障礙、貓際關係和可能的戰場，當然也包括人的部分，如此一來才能評估規劃整體環境，並進行下一步貓化。

貓宅共和國

從我們打算出版這本書開始，奇蹟出現了！我們邀請各方人士提供私房貓宅檔案，結果如雪片般飛來。我們必須從成堆的貓咪跑道、貓咪走廊和貓窩中篩選所需，霎時靈光乍現，得到下面這個顯而易見、令人精神為之一振的結論：我們都是這個大團體的一份子，我們的旗幟已經飄洋海內外，因為對動物朋友的愛讓大家團結一心，矢志奉獻強化所有原型貓咪們對領土的原始本能，所以我們願意提供一個安全舒適的家和牠們分享。我們是「貓宅共和國」！

PART 2
貓宅任務啟動
Catification in Action

我們在Part1的章節學習了許多原型貓咪的知識，同時也更加瞭解自家貓咪之後，現在正是打造貓宅的良機，建立一個讓貓咪開心又宜居的環境，更具體的說法是打造一個適合你家貓咪需求的專屬好宅。每個家庭環境都是獨一無二，每個問題都有好幾種解決之道，所以你需要不同的方法，經過多次磨合才能夠找出對你家貓咪和房子最好的方式。

接下來的篇章裡，我們蒐羅了各式各樣的貓宅作為範例，並加上貼心註解，幫大家進一步瞭解案例中更多細節以及如何面對問題並尋求改善。也請大家別忘了，本書的每個專案和示範也適合你量身訂作，這也可能是你家！貓宅檔案的目的就是人貓滿意，皆大歡喜！

以下四項主題將會頻繁出現於本書Part2章節，並清楚標示出來。

沒藉口不做的事

這是一些好玩的設計，專門獻給會說：「我沒錢買貓樹」、「我對槌子這些工具一竅不通」的貓咪主人。我們提供的簡易設計，只需要家裡隨手可得的材料，或者頂多跑一趟社區附近小五金行便可購得的東西。這些手作人人得心應手，所以別再找藉口了，即起即行，趕緊親手貓化你的家！

貓宅檔案的基本要素

這個主題將點出每間貓宅該有的設施，和愛貓同住的你必須明白這是基本要素，我們發現這些事不但會一再重複，而且你做得越多，你和愛貓的生活也會越來越輕鬆愉快。

貓爹語錄

貓爹語錄字字珠璣，希望大家善加利用，好好記錄留存。

凱特的叮嚀

貓用品網站（Hauspanther.com）創辦人凱特提供專業看法，讓大家一眼看透每個案子的設計奧妙，跟專家好好學習吧！

多貓魔咒

別忘了貓宅檔案是獻給所有和愛貓同住的家庭，無論你養了一隻貓咪或者很多隻。書中的專案絕大部分適用於多貓之家，所以如果你現在只養了一隻貓咪，你應該考慮再多養幾隻（嘿嘿嘿）！

Case Study

達爾文
&
莫蕾諾

原型貓專屬的
個性居家

本篇文章來自節目《管教惡貓》第五季第一集的幕後花絮

　　達爾文與莫蕾諾是兩隻被稱為熱帶草原貓的豹貓（savannah cats），牠們和主人賈克同住在德州奧斯丁一處可以眺望市區的高地上。天性驅使之下，這兩貓很喜歡飛簷走壁造成屋內騷動，達爾文生性好奇常常惹麻煩；莫蕾諾則是野性十足對人類多疑，一旦她覺得情況可疑便會變得很兇，尤其客人來訪時，進了家門就好像誤入野地荒原。很顯然這些貓咪需要更多地盤讓牠們巡邏，才不至於太接近彼此而感到威脅或表現出攻擊傾向。

　　和這麼好動的雙貓同住，可以說非常地──非常地需要進行住宅貓化。雙貓需要盡情奔馳、跳躍，雖然牠們在家已經這麼玩，上下追逐甚至跑到T型抽油煙機頂端，好像要把整座機器從天花板拔出

來一樣，的確造成不少居家挑戰。首先，我們得防範雙貓占領抽油
煙機，所以必須得創造另一個讓牠們任意跑跳的場域，然後我們才
考慮怎麼幫助賈克維持空間裡的現代風格美感。

© Paul Bardagjy

在喵吼的達爾文

© 2014 Discovery Communications, LLC

發出威嚇的莫蕾諾

© 2014 Discovery Communications, LLC

豹貓的基因介於家貓和中型非洲貓科之間，每隻純種豹貓皆有清楚的編號，以記錄牠是非洲貓科原種之後的第幾代。一隻編號F1的豹貓表示出自第一代，而且父母之一為非洲草原的藪貓（Serval）；一隻編號F2的豹貓表示出自第二代，而且父母之一為非洲草原的藪貓（Serval），可以持續推算下去。達爾文是一隻F5豹貓，莫蕾諾則是F2，兩者編號的差異在於莫蕾諾的基因比達爾文更接近祖先、更具有野性。

🐾 傑克森說

屋子裡有兩隻豹貓：F5的達爾文比較像家貓，F2的莫蕾諾較具野性，這次的貓宅任務將要打造一個同時能迎合雙貓需求的環境。對

傻氣、愛玩愛跑、常常跳上抽油煙機的達爾文，我們要處理的是滿足他精力充沛的生活模式，他像極了貓咪版的「淘氣阿丹」（美國喜劇影集主角），身懷靈巧的20磅肌肉，總是不停地冒險和搞蛋。

莫蕾諾則完全屬於另一型，絕大多數的貓我都不會怕，但第一天見到莫蕾諾時我真是嚇死了。當她遇到陌生人的反應通常是因猜疑而恐懼，然後瑟縮到角落裡，身體呈現蜷起來的姿勢準備隨時攻擊，這種情況看起來她已經被惹毛了，但其實是她自己怕死了別人。對莫蕾諾這種案例的貓咪，我們必須試著迎合她最原始的性格，對達爾文只需要提供他精力發洩的出口。

我必須先聯絡一下凱特，這家人包括兩隻各有所需的豹貓，以及一位非常重視空間設計美感的屋主。屋主很緊張我會把他家改造成什麼樣子，以上原則將是我們合作上最重要的部分。當我走進這間公寓時，很擔心屋主賈克會拒絕所有我們計畫進行的改造，如果凱特沒辦法搞定這個傢伙，我對這家人的唯一希望就會破滅了。

🐾 凱特說

我第一次見到賈克，就發現他會是整個設計的關鍵，我們得先讓他覺得開心。基本上他家裡並沒有任何為貓咪設計的環境，很自然以自己為中心來規劃，我也看得出來賈克和雙貓的互動親密，他很愛貓咪們且關係和樂，但賈克在設計這個空間時，對雙貓的需求卻不夠體貼，因此雙貓可能會用破壞的方式來表達心理上的苦悶和挫折感。

野貓與家貓的會面點

我們必須同時待候雙貓，而且瞭解牠們體內分別有不同的原始本能需求。雖然來自同一品種，但達爾文更像家貓一些，而莫蕾諾則是充滿野性，她沒辦法像達爾文一樣很放心地走進人類世界。所以我們的每項規劃都要能兼顧兩種功能，創造讓達爾文盡情跑跳的新空間之外，同樣也需安排莫蕾諾可以放心休憩和監視全場的制高點。

T型抽油煙機的YES/NO

我們要讓貓咪們清楚知道，抽油煙機上面是「禁止」的地方，那裡不是遊樂區、也不是通道，更不是休憩站。把抽油煙機設為禁區之後，我們試著另外打造一條「超級公路」吸引達爾

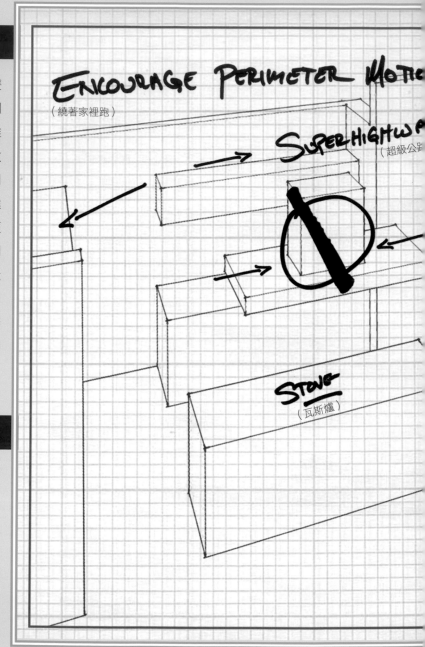

ENCOURAGE PERIMETER MOTION
（繞著家裡跑）

SUPERHIGHWAY
（超級公路）

STOVE
（瓦斯爐）

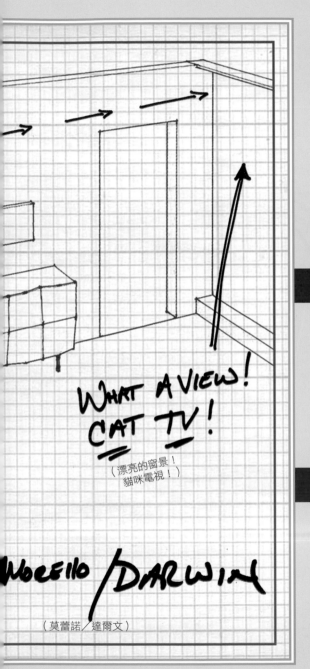

WHAT A VIEW!
CAT TV!

（漂亮的窗景！
貓咪電視！）

MORELLO / DARWIN

（莫蕾諾／達爾文）

文和莫蕾諾轉向並遠離禁區，只要有更好的休憩站和通道，牠們就不會想再回到抽油煙機附近。只說「不可以」是不夠的，一味阻擋不如提供另一個「可以」的地方。心中有了這個想法以後，對貓咪來說，廚房仍然是原本的社交場合，設計超級公路可讓雙貓自由穿越廚房，到達屋內任一個想去的地方，又能保證不再靠近抽油煙機禁區。

超速快感

這條超級公路設計時必須考慮劇烈跳動的承重，因為達爾文和莫蕾諾體重各約有20磅（約9公斤），所有層板和壁掛配件一定要確認固定得夠安全，以應付未來的沉重負荷，同時在每個平面上做足防滑措施，以免奔跑時造成危險。

主人的風格

思考了所有設計，當然要能夠符合賈克的美學觀點，每件設計都應該視同藝術品般對待，讓貓宅和原來屋內的風格完美融合，否則我相信賈克會在我們完工離開後全部拆光光。

貓宅的設計重點

- **頂天的圓柱**：高度上至天花板、下至地面的圓柱，讓雙貓順利一次攀爬登上廚房高櫃頂端。
- **抽油煙機擋板**：向雙貓清楚明白揭示，這裡是禁區！
- **廚房高櫃頂端**：利用這塊空間將超級公路銜接起來。
- **轉角層板**：超級公路藉由轉角包覆層板設計，從櫃子頂端一路銜接通往用餐區。
- **地毯**：所有層板跳台平面都需要做好止滑。
- **壁掛式抓板**：設計幾個在垂直面上的磨爪抓板，以利貓咪標記地盤。

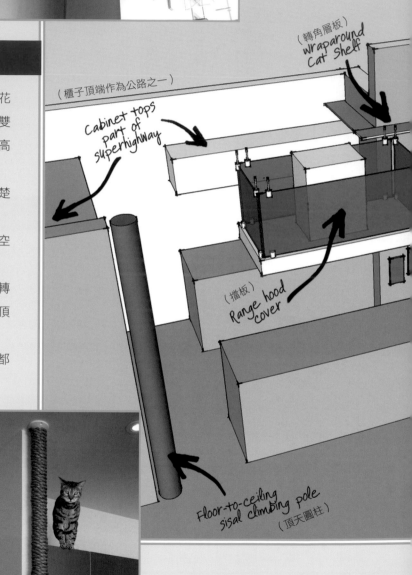

（轉角層板）
wraparound
cat shelf

（櫃子頂端作為公路之一）

Cabinet tops
part of
superhighway

（擋板）
Range hood
cover

Floor-to-ceiling
sisal climbing pole
（頂天圓柱）

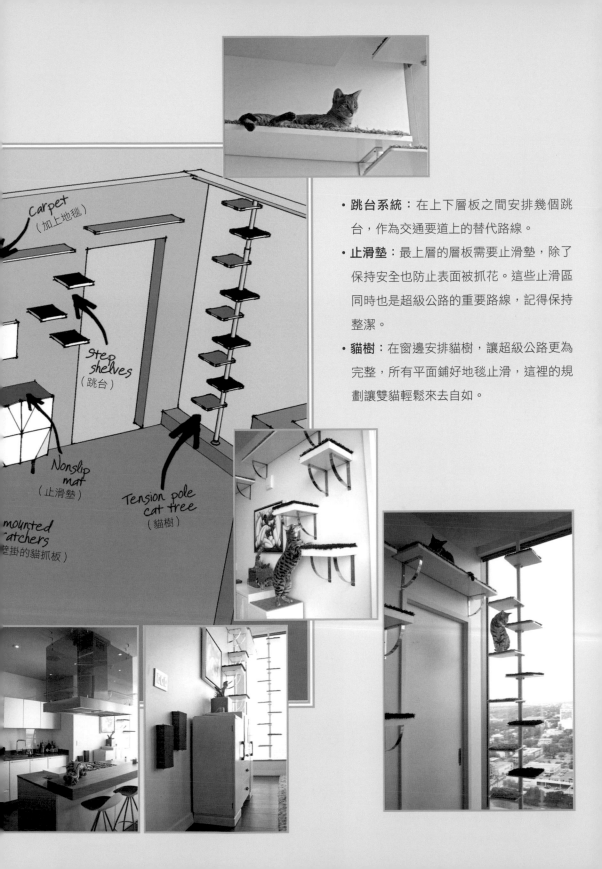

Carpet
（加上地毯）

Step shelves
（跳台）

Nonslip mat
（止滑墊）

Tension pole cat tree
（貓樹）

mounted catchers
（壁掛的貓抓板）

- **跳台系統**：在上下層板之間安排幾個跳台，作為交通要道上的替代路線。
- **止滑墊**：最上層的層板需要止滑墊，除了保持安全也防止表面被抓花。這些止滑區同時也是超級公路的重要路線，記得保持整潔。
- **貓樹**：在窗邊安排貓樹，讓超級公路更為完整，所有平面鋪好地毯止滑，這裡的規劃讓雙貓輕鬆來去自如。

凱特的叮嚀

轉角層板

- -

利用轉角包覆的手法安排層板系統，你可以自行切出L型層板，又
或者更簡單的方式，只要用兩塊長方形層板，以寬邊緊連長邊就
能拼接成同樣寬度的L型走道，另外加裝兩條五金平扣板，可以讓
轉角層板更為牢固平穩。

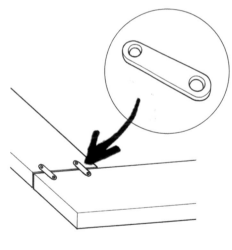

抽油煙機的改造過程

　　把抽油煙機區改造成功，正好是個「YES/NO」經典範例，要讓雙貓分辨是非，告訴牠們哪些地方「不可以」去，什麼行為「不可以」做，最好的方式應該先提供哪些東西是「可以」的。在這個案子裡，我們希望貓咪都清楚了解抽油煙機絕對「不可以」進入，如果貓咪持續往上跳，遲早有一天整個懸吊系統會被拆了，甚至坍塌下來。我們對於這件事的解法是一定得完全禁止任何進入的可能，但又要保持空間的設計感，接下來將詳細介紹我們怎麼達成任務。

材料和工具

半透明壓克力板、天花板鋼絲掛繩固定配件（可從招牌或展覽用供應商找到這類五金）、雙面膠、電鑽工具。

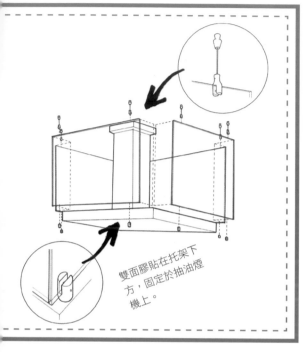

雙面膠貼在托架下方，固定於抽油煙機上。

首先，先測量抽油煙機的長寬，用來計算要切割多大尺寸的壓克力板，我們在天花板和壓克力板之間留出6吋高度（約15公分）。一開始我們想過用藝術圖案的面板，但覺得和賈克的風格品味不搭，另一方面也考慮到不透明的面板會讓挑高的空間顯得封閉。後來我們找到半透明的橘色壓克力板，不但為空間增添一抹亮彩，也和周圍設計及現有色調和諧有致。

橘色壓克力板用鋼絲繩配件懸吊於天花板上，這類五金通常用於吊掛招牌海報，所以安裝起來輕鬆容易。只要測量好距離、高度，將一端鎖上天花板，另一端固定住壓克力板即可。壓克力板底端則用托架配件固定好角度，雙面膠貼在托架下

BEFORE：貓咪從高櫃跳向抽油煙機上方

方，和抽油煙機黏貼就大功告成了。

　　亮彩面板在視覺上和實質上都成功阻攔雙貓的侵襲，明白警告牠們這裡絕對禁止進入。半透明面板的選擇使得光線穿透，保留空間裡開放而輕盈的質感，最後的成果看起來就像一件掛在家裡的藝術品。

AFTER：抽油煙機以壓克力面板遮蔽

達爾文又在高櫃虎視眈眈，但這次已經接受到禁區的訊息，什麼也不能做只好遠遠欣賞

🐾 傑克森説

凱特，這次改造最讓妳覺得驕傲的是哪裡？

🐾 凱特説

達爾文和莫蕾諾跑到層板上嬉戲是第一件驕傲的事，再來就是我們展現了設計品味，這大概是改造中最有成就感的地方。我自己也很愛透明面板的設計，我認為那是貓宅檔案中最漂亮的解決方案，而且它真真實實發揮效用，20磅重的貓咪再也不會誤入禁區，整體看起來又非常有設計感。原來是個「不可以」，後來多出了好幾個「可以」，貓咪可以舒服地窩在層板上，想爬高儘量攀，想上下貓樹可以利用各種動線，我覺得這個專案改造大獲成功，因為雙貓和賈克笑納了一切。

🐾 傑克森説

這次改造有許多成功的例子，賈克高興，貓咪也不再闖入禁區這些都是當然。但對我來説，更重要的是莫蕾諾能夠展露她探索世界的本性，看到她登上高處層板那一刻，我心裡著實感動莫名。我的意思是，這會談到整個空間裡最艱鉅的

貓宅提供
蕾貝卡&理察・布列頓夫婦
美國佛羅里達州・清水市

貓咪
艾蜜莉與寇比

發懶聖地
源於大自然靈感的貓樹

　　棵源於大自然靈感的貓樹，是我的「客戶」艾蜜莉與寇比，和我們一起搬入新家後增添的設備，這棵貓樹和舊家那座牠們倆最愛的、又遠又高堪稱完美的層板區截然不同。在舊家，牠們無論運動、睡覺、玩樂都在上面，當時因為急著出售房屋而粗魯地拆了這塊層板區，還惹得艾蜜莉和寇比很不高興。

　　搬來新家之後，艾蜜莉與寇比趁我們忙於工作時，

艾蜜莉

寇比

整天只在工作室後方睡覺、休息、吃飯，牠們再也不離開去運動或者探險。因此，身為牠們的設計師和貓咪守護者，我們想要好好補償。

　　當時我們決定將新房子裡採光最好、最大、又位於中央的房間規劃成工作室，當然心裡也記掛著將貓咪的需求一併考慮在內。艾蜜莉當時表示，她不管會看起來怎麼樣，只想舒適一點就行，行動起來輕鬆，而且靠近你們平日工作的地方，這樣我才能常常窩在你們身旁；寇比則瞇著眼睛也表示贊同，他因為不常運動，因此看起來「稍微」壯碩，所以可能會考慮用用貓樹吧。

材料和預算

我們花了US＄100元從大型免費分類廣告網站Craiglist中的賣家手中取得一組漂浮木，加上舊家貓樹拆下回收的三塊平台和幾條麻繩，然後買了蓬鬆柔軟的浴室地墊（花了US＄24元）放在漂流木上。浴墊很容易移開整理，又能讓牠們落地時加倍舒適。

漂浮木用螺絲互相連結，並牢牢鎖在天花板和牆面。理察的作法是先預鑽孔洞，然後固定於天花板或牆面上，木頭上的鑽洞可以稍微深一些，這樣螺帽栓上之後不會外露，或者再

用木塊隱藏起來（圖片為還未處理完的樣子）。

　　在貓樹最頂端，漂浮木和天花板之間，我們額外用一塊金屬片加強固定，以便支撐承重。為了美觀起見，還纏上了麻繩，正好可以將金屬片遮蔽起來。

從側面看起來的貓樹成螺旋狀延伸往上，層次分明，是用較短的樹枝一一分別固定在主枝幹而成的。理察先分開整隻漂流木，經過試擺之後，再根據舒適的階梯高度用螺絲接合。用到的工具包括電鑽、電鋸、桌上型線鋸等等。

蕾貝卡與理察的妙招

整棵貓樹是從漂浮木最粗的主枝幹開始組裝，經過好幾個晚上切割、鋸開，才慢慢地依照牆面和空間變化將分枝一一安裝上去，很感謝理察的巧手和耐心。

成果出爐

一棵貓樹大概花費一個星期完工，兩隻貓裡面艾蜜莉比

較活潑外向，馬上就知道怎麼用這棵貓樹，並且占據了第一塊平台呼呼大睡。寇比相對小心謹慎，沒直接上去玩，但他很喜歡靠近地面那塊麻繩捆起來的磨爪柱。當時製作這棵貓樹時，我們也想過貓咪也許不會立刻全盤接受，但他們已經明顯開始走出來探索空間，尤其當我必須整天在電腦前工作，兩隻貓咪常在整個區域玩樂嬉戲，所以我們認為貓宅改造成功！

 傑克森説

布列頓夫婦在許多層面都是天生高手！這個不僅是與愛貓幸福同住、一起分享空間的絕佳案例，而且展現了空間裡的和諧美感——一棵你不知道會變成什麼樣的貓樹以及一些你不確定會怎麼擺設的傢具。但他們做到了，而且絕對不是想像中那種瘋狂老太太的貓屋。事實上，就算把貓咪從畫面拿掉，這棵貓樹根本是件令人驚艷的手作設計品，也是我們在貓宅檔案中最真實的表現，如果我家也有這棵貓樹，我一定會覺得非常驕傲。

凱特説

我可以瞭解這種精心設計通常讓人覺得：「我不可能做得到啦！」請稍安勿躁，其實它一點也不複雜，布列頓夫婦的案例中只用了簡單而自然的素材，加上很基本的DIY技術，還有的就是用心規

　　是呀，這個空間真的很小，我們面臨的這場硬仗中，包括照顧
所有小動物的需求，還有傑克森自己的需求，貓爹本人也要住在這
裡。貓宅任務的終極目標便是讓人類與同住的動物室友一起幸福度
日，非得好好動腦發揮創意不可。

卡洛琳

裘比

薇羅芮亞

露笛

© Susan Weingartner Photography

🐾 傑克森說

　　準備設計居家空間時，我們當然審慎
考量了每位毛小孩的不同需求。當年薇羅
芮亞已經20歲、裘比19歲、卡洛琳3歲，
卡洛琳本來流浪在外，所以總是上上下下
找地方把自己隱藏起來，在夾縫中求生
存的訓練讓她全身肌肉發達，無論在地面
探索或者到天花板搜尋，她一直在找地方
躲避。薇羅芮亞在她全盛年華時期，可以
一鼓作氣從地面直接躍上門楣，即便已經
高齡20歲，她還是常常向上仰望，很喜
歡探索垂直空間，與習於躲藏的卡洛琳習
性恰好相反。而我們的裘比晚年因關節炎
困擾，從來不希望任何其他貓咪靠近她的

臉，妙的是裘比和需要嗅覺才能探索環境的露笛則相處愉快。

　　既然每個毛小孩的喜好已經了然於心，我們必須建立足夠的通道來紓解動線上的狀況。一條路留給卡洛琳，但得避開極高和極低處；緩坡則留給有關節炎的裘比讓她舒服些；對於20歲高齡的薇羅芮亞則需要更安全的生活環境，因為她並不知道自己的歲數該好好節制，這一點跟露笛的狀況一樣。

傑克森家的超級公路

　　第一要務，就是建立穿越全屋的超級公路。而建立一條優良的超級公路，必須謹記利用多條替代道路疏導動線的大原則，還有進出超級公路必備的上下緩坡或交流道。尤其是多貓之家，只有一條共用通道必定會引起糾紛，貓咪們不應該為了一條通道而進行爭奪，即便在一般的駕駛經驗中，兩車狹路相逢時，一定得有一方退讓才能夠解決。人類駕駛因為交通道德和規範而習慣遵守，貓咪世界可沒這回事。當兩貓會車時，牠們鳴按喇叭警示對方的方式就是張牙舞爪了。因此為了避開不必要的紛爭，主人一定要為牠們多安排幾條通道，當你決定家中再添新貓時，也別忘記重新思考你的都市計畫，就像你能理解城市人口爆增時該做的事情一樣，特別是你原來只養一隻貓而要增加為兩隻的時候，一定要隨之擴充移動路線。

人貓合一的境界

　　一般人在看這個案例時往往會忽略這屋子裡實際上有四條交通要道——地面、沙發椅凳、櫃子及層板系統，所有要道都是人貓共用的區域。比如說，窗邊的書桌雖然是傑克森工作的地方，它也屬於超級公路的其中一段；電視櫃也兼作貓咪的高處餵食區，沙發和其他傢具也是超級公路必經區段。無論這條路是不是你主動建造的，貓咪們都會把這些傢具當作牠們的路線之一。既然如此，何不善加規劃？另外還有窗簾下方的窗沿如果已經存在，卻因為有窗簾而被視為禁區豈不可惜，何不乾脆開放？

桌面的貓咪降落區

　　在工作區的一角，我們觀察出貓咪常常「降落」在書桌上某一塊區域，作為超級公路的其中一段使用。當貓咪行經中間窗檯後，必須先躍到書桌上，才能再度跳上另一個窗檯，除了有點不方便，在躍下光滑的美耐板平面既不容易使力抓住也十分危險，我們不打算禁止牠們上上下下，所以乾脆在書桌上加裝一片麻繩表面的止滑地墊作為安全降落區。

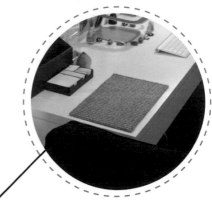

分層用餐區

　　同時養貓養狗的家庭都知道，有時候非得把
牠們分開餵食才行（家有貪吃狗！）。基於這個
理由，我們決定把電視櫃作為貓咪餵食區，並幫
老貓安排容易上下的寵物階梯，讓大狗露笛吃飯
的時候，貓咪也可以很輕鬆到高處用餐。

客廳裡的超級公路一直延伸到臥室,我們用更多層架把茶几桌面和五斗櫃連接起來,路上另外策略性安排了貓床和貓抓板休憩區,讓開心的貓咪們直達終點站前,還可以停下來打個小盹。

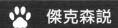 **傑克森説**

我自己覺得幫貓咪建造超級公路中最有趣的元素之一,就是你很難真正評估出貓咪客戶的需求。先給他們一個全新環境,牠們會怎麼分配利用時間?新家比舊家小了許多,誰會掌控某些地盤?誰又是最自信夠安心遊走於垂直空間?

我和凱特勇於接受挑戰,我們建造的超級公路有四條垂直通道,讓三貓在不同高度探索世界,同時利用構造特性迎合每隻貓咪的原始魔咒。

直搗貓爹的巢穴　　101

貓宅提供

莎拉&艾力克

美國明尼蘇達州・明尼亞波利斯市

貓咪

惠斯波、衛斯理、沃布利、沃夫
斯、咪麗

客廳進化

高高在上的貓咪樂園

　　挑高客廳上方有個奇怪的內凹空間，總是有美好晨光滿溢，這
是貓咪最愛的地方，但是偏偏沒有任何路徑可以過去。我們搬來
後，本想把室內植物放在這裡以防貓咪啃咬，可是又想到澆水照顧
還需要爬樓梯也不方便，於是想起我們一直盤算著要幫貓咪在高處
做一個聚會場所，牠們可以俯瞰、監督整個環境，偶爾離開繁忙的
地面享受陽光。

　　艾力克動手完成第一棵貓樹時，貓咪馬上迫不及待登上牠們的高地聚會所，牠們高興得互相追逐起來，利用貓樹上上下下樂此不疲，有時沐浴在溫暖陽光下，有時只是從高處觀察屋子裡的動靜，牠們也很喜歡額外增加的枝幹，不時用來磨磨爪子。

材料和預算

整個改造工程分成三階段，以下是我們的施作過程：

- 利用家裡附近找來的大型橡樹樹枝。（免費）
- 從公路局交通工程中砍伐下來的廢棄回收橡木板材，經過艾力克自行加工而成。（免費）
- 五金行買的大型螺栓。（不到US＄5元）
- 五金行買來的整瓶柚木保護油。（不到US＄15元）
- 各式各樣的貓床和坐墊。（US＄15～30元不等）

我們重新裝潢整個客廳，並決定以友善貓咪、實用且有趣的環境為設計目標。

第二步：客廳重新裝潢和貓化任務

- 把整屋全換成硬木地板，材料來自艾力克「救援」回來的廢棄回收橡木。
- 舊型燒柴壁爐換成內嵌的新型瓦斯壁爐，新型壁爐不但對貓咪安全性高，貓咪也不再能夠爬進去玩。
- 把傢俱的布套全面更新成容易清潔的超細纖維（Microfiber）材質（註1）。對貓咪來說，超細纖維縫隙較小，貓咪就沒興趣用來磨爪。

- 增加了一個櫃子，可兼作娛樂和展示功能，櫃子恰好和貓樹組成一個水平面，又能夠成為前往高地聚會所的一條捷徑。
- 朋友贈送的金屬雲朵層板，兼顧了水平或垂直跳台系統。
  我們從—手店買來的兩只睡籃每個不到US＄5元，分別放在櫃子底端的兩側剛剛好。

• 另外一棵用了好幾年的舊貓樹換了新地點放置，這樣一來客廳裡還有中等高度的垂直空間，讓貓咪邊玩耍邊欣賞戶外景觀。

註1 超細纖維：又稱為超纖，是一種極細纖維，約為普通棉纖維的1/10，用起來特別柔軟卻非常耐用不易變形，清洗時只需溫水泡的肥皂水使纖維鬆開，把卡在纖維裡的汙垢放出來，但不可使用衣物柔軟劑、漂白劑，也不可熨燙。

第三步：讓家持續「貓」化
（這是一場永無止境的過程）

• 我們在高地聚會所多放了幾個豆莢形狀的舒服貓床，每個要價US＄100元，我們一直忍到半價出清才下手。
• 艾力克自行設計貓型和魚型的窗檯層板架，由廢棄回收的橡木和胡桃木製成，放在客廳的落地窗前面，窗外美麗的樹林、小溪和許多

有趣野生生態環境盡收眼底，都是貓咪的絕佳娛樂。

• 艾力克另外還用了橡木、胡桃木、花梨木三色木材製作了「貓籃」，我家貓咪都很喜歡坐在裡面。

莎拉與艾力克的妙招

- 和你的伴侶／室友們互相討論家中的主要結構。我們原本打算放貓樹的地方其實有點不切實際，因為那裡很靠近前門和玄關櫃，在明尼蘇達州的冬天通常是用來堆放東西的地方。

- 市面上總是充滿各種漂亮誘人的貓咪產品，不過靠著一些基本技巧和可負擔的材料費做出好看的貓咪用品並不難，不必是木工高手（像艾力克）也能把自己家變成貓咪天堂，好好運用想像力大玩一場，唯一要多注意的只有給貓咪玩之前一定要再三確定安全無虞。

- 在投入時間和金錢之前，最好和貓咪確認一下你的想法和計畫是不是可行。舉例來說，想要在客廳弄一棵貓樹之前，我們先準備了木塊、樹枝先看看貓咪怎麼和這些材料互動，像是觸感和味道喜不喜歡等等，牠們還滿喜歡這塊木頭，第一階段算是通過。其實艾力克還設計了一些好看又獨特的磨爪柱，但是貓咪們並不賞光，所以我們都會先觀察一段時間，確認牠們是不是真的有興趣，不然就重新回到設計圖前再試看看。
- 如果你對時間、預算或者技術層面限制有所質疑，最好把施工時間分成數個階段以求更加順利。貓化我們的客廳前後花了四年左右，想法、進度，甚至資金預算上的良機出現後再增加也不遲。

成果發表

　　貓咪們真的每天在客廳裡使用我們為牠們做的設計，牠們很願意和我們互動，高地聚會所不分日夜經常兩兩成對窩在裡面，尤其陽光灑落時，簡直就像開打盹派對一樣。每當我們一進客廳，貓咪不久後也隨之而來。因為這裡有很多棲息的地方，有時候直接睡在我們腿上，也可能窩進貓床、睡在樹梢上或蜷在貓籃裡。

　　這次的改造對貓咪完全是一次大驚喜，我們很開心看到牠們享受一切，也很驕傲朋友們喜歡我家的設計，而且覺得很棒，但我們仍舊持續改造和修正，隨著貓咪年紀步入老年，設計必須相對調整才能符合牠們的體能所需。

　　首先,我要向莎拉和艾力克獻上我的敬意,他們真的達成貓宅進化的理想,而且能夠兼顧自己和貓咪的觀點並不停自問:「我們怎麼做可以讓大家一致叫好?」他們設計得太棒了,不但把自然環境引入屋內,同時完美融合自己和貓咪兩方的美學觀點。我最想說的也是請繼續努力,你們還沒做完呢!超級公路的終點在高地聚會所,一旦貓咪在高處發生爭執,無處可逃反而會很糟糕,我會建議他們在高地聚會所另闢一個出口。為了這條道路能持續留存,我可不希望在死角看到任何的麻煩紛爭。除此之外,我覺得這個案例真的令人佩服,做得太棒了!

凱特說

　　艾力克的極致木工工藝實在令人驚艷,但你千萬別因為不擅長木工而被嚇到,何不以此啟發靈感!找棵天然的樹正是一個好的開始,大部分的貓咪都會喜歡。但最好先確認裡面有沒有藏著蟲子,免得把不該進門的東西帶回家。我特別喜歡他們在貓樹周圍到儲物櫃上方加裝的小裝飾,很多創意想法人人都可以用在自己家。

尋找完美貓床

貓床的款式百百種，無論哪種樣貌和預算你不難找得到一個喜歡的，貓床是絕佳的味道接收道具，也是再明顯不過的地盤概念，貓床還可以設為終點站或超級公路的中途休憩站。

每隻貓都有自己偏愛的貓床款式，所以主人得耐心試試找出差異。除了貓床的形式，你不妨試試擺放在家裡不同地方，看看牠覺得最自在的地點是哪裡。現在很多貓床都不貴，所以多買幾個四處放著也不錯，同時觀察看看牠們最喜歡待在哪些地方。

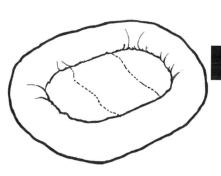

常用貓床推薦

・**甜甜圈床**：通常是橢圓或扁圓的形狀，然後邊緣稍高，空間正好讓貓咪休息，開闊的視野又能對外界狀況保持靈敏。

- **圓桶床**：邊緣高，因此貓咪可以很舒適地坐下且能
  夠窺見外面的動靜。

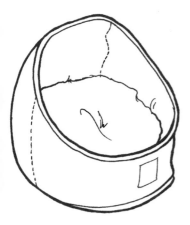

- **穴形床**：如洞穴般的形狀，讓休息的貓
  咪半面被覆蓋更有安全感。

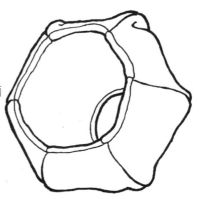

- **豆莢床**：創造一個如繭般的緊密空間感，確保兩
  側都有開口，貓咪才不至於被困在裡面出不來。

Case Study

奧立佛
&
小辣椒

改變遊戲規則

本篇文章來自節目《管教惡貓》第三季第一集的幕後花絮

　　邁可和艾茉莉在紐約市擁有一座小公寓，這裡也是雙貓——奧立佛與小辣椒的戰場。雙貓絕對不能單獨留在同一空間裡，那肯定會引起貓際大戰，所以邁可和艾茉莉這對情侶每晚必須分房睡，以減輕把某一隻留在主臥室外的罪惡感。隨著兩人婚禮的腳步逐漸逼近，如果邁可和艾茉莉的蜜月旅行還想順利出發，這個問題必須有所改變。

　　奧立佛從來沒正眼瞧過小辣椒，「奧立佛將軍」是貓咪棋盤上的君主，切斷所有小辣椒的下一步，而小辣椒意識到她完全逃不開奧立佛的視線範圍，便識相成為一隻無名小卒。不巧的是，小公寓

裡的地形恐怕讓局勢加倍險惡，空間裡的埋伏區讓奧立佛可以在角落夾擊小辣椒，她完全沒有抵抗逃跑的機會。我們希望能夠化解這場僵局，讓雙貓有機會平和地住在一個屋簷下。

貓爹語錄

🐾 貓咪棋盤 🐾

貓咪棋盤是用來分析這場貓捉老鼠，或者說獵人遊戲局面的一個方法。獵人出征時牠會環顧四周看看是否有勝算，然後才進入捕獵模式，優秀的獵人（大部分貓咪都是）會盤算牠的每一步，並阻斷敵人所有可能的角度或逃生路線，甚至清楚計算出獵物的下一個動作。

我對第一次造訪邁可和艾茉莉的公寓印象深刻，我們走進屋子探看需要調整的地方，當時簡直傻在現場，因為公寓裡有太多死角和埋伏區！典型的紐約公寓有著Z字型般曲折的長廊，但問題根源往往不只是居所，也和居住者息息相關。奧立佛無疑是棋盤上的將軍，我們需要想一些策略來扭轉情勢。

我同意傑克森，你只要看看廚房角落就能理解，小辣椒太容易被逮到，即便你一直叫她「跑出來、跑出來，我們已經叫她出來了呀。」角落那張捲起來的地毯根本是個陷阱。我問邁可這捲地毯在那裡多久了，他

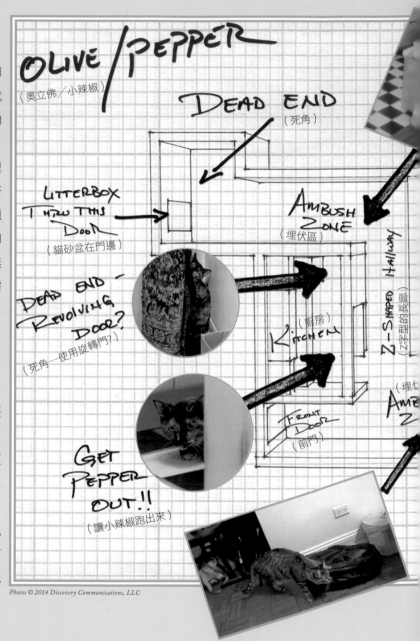

OLIVE / PEPPER
（奧立佛／小辣椒）

DEAD END
（死角）

LITTERBOX THRU THIS DOOR
（貓砂盆在門邊）

AMBUSH ZONE
（埋伏區）

DEAD END - REVOLVING DOOR?
（死角─使用旋轉門？）

Z-SHAPED Hallway
（Z字型的長廊）

Kitchen
（廚房）

Front Door
（前門）

GET PEPPER OUT!!
（讓小辣椒跑出來）

（埋伏
Ambu
Z

回答説一搬進來就在，等於告訴我其實並不需要這個空間，那我倒是有個點子可以處理一下角落的問題。

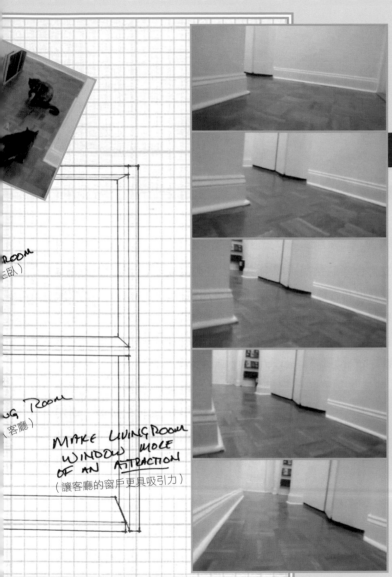

MAKE LIVING ROOM
WINDOW MORE
OF AN ATTRACTION
（讓客廳的窗戶更具吸引力）

🐾 傑克森説

　　當我剛剛提到小辣椒應該要「跑出來」，最好的辦法就是「旋轉門」路線，小辣椒可以躲進角落，也可以感覺到風吹草動時提前溜走。我們幫助小辣椒的方式就像太極，從她身上找出本能並順勢導引成另一股力量；在路線上則找出空間改道並且迂迴使用。這件事的關鍵在於建立小辣椒的氣勢，我們不能讓她停下來，停下來她就會呆掉，如果她呆掉只有被盯住的份，被盯住的下場，就只能被奧立佛「將軍」了！

旋轉門概念

讓死角

變身

Martin Barraud/OJO Images/Getty Images

© 2014 Discovery Communications, LLC

© Kate Benjamin

© 2014 Discovery Communications, LLC

另闢蹊徑

　　為了打造廚房的替代路線，我們也在冰箱上方加了止滑墊，因為從貓樹就能輕鬆跳到冰箱上，小辣椒還能夠移動到廚房吊櫃上為她安排的舒服貓床休息，或是選擇往下跳到流理檯上（這裡也需要止滑墊），便可以通往其他地方。

© Kate Benjamin

（跳到冰箱）
Jump to fridge

Kitchen
（廚房）

Up to cat bed on top of cabinets
上到櫃子上末）

（安全地向上）
Up to safety!

Alternate escape route this way
（通往替代的逃亡路線）

（回到客廳，旋轉門路線！）
Back out to living room, Revolving Door!

Replace carpet with cat tree, no more dead end!
（貓樹取代地毯，清除死角！）

© Kate Benjamin

© Kate Benjamin

© 2014 Discovery Communications, LLC

小辣椒主動嘗試了新路線，邁可和艾茉莉很驚訝看到這隻本來像烏龜一樣瑟縮的小朋友變得自在放鬆，你可以觀察小辣椒的姿勢，她不再那麼擔心受怕，對自己的環境信心大增，與其只能躲進廚房的角落，現在只要跳上貓樹尋求臨時安全庇護，接著可以選擇往冰箱上或走流理檯路線大方離開。

　　邁可和艾茉莉的走廊又是另一項艱鉅挑戰，這區塊的空間缺乏規劃，以致於不少地方只能閒置，然後造成死角讓奧立佛和小辣椒在此巷戰，最終只能被奧立佛「將軍」了！為了活化環境，我們在這邊另安排了「旋轉門」路線，讓小辣椒透過繞圈向上的動作甩開敵手，這裡我們需要用比較複雜的兩套層架組合，才能保證小辣椒跑得掉。此外，為了讓旋轉門路線更完整，我們額外加了一張有止滑墊的桌子在走廊上，這樣小辣椒就能朝向不同方向，而不是被困在角落。

環境和設計之間的微妙之處皆在一念之間，現在問題被化解了，雙貓的新環境越來越好，終於能放心探索和享受生活。

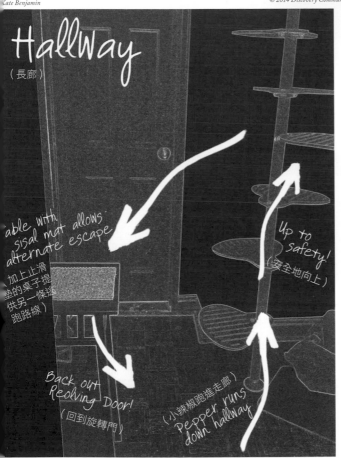

HallWay
（長廊）

able with
sisal mat allows
alternate escape
（加上止滑墊的桌子提供另一條跑路線）

Up to
safety!
（安全地向上）

Back out
Revolving Door!
（回到旋轉門）

（小辣椒跑進走廊）
Pepper runs
down hallway

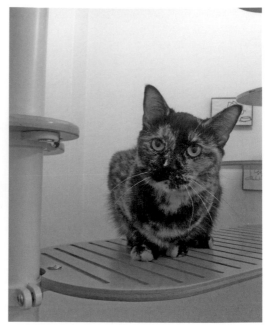

貓爹語錄

🐾 旋轉門 🐾

旋轉門可以被用來紓解交通、改善埋伏區和
死巷,我們通常用階梯式結構來執行,像是層架
或貓樹。貓咪可以持續在其中順利移動,又能避
開互相傷害。

沒藉口不做的事：
清除雜亂的可能

　　你不需要常常幫貓咪添加新東西，反而可以多觀察家中有沒有哪裡能夠重新設計或改造成貓咪專屬的平台。最簡單的方式就是清除雜亂，讓貓咪知道這裡歡迎牠來使用，這就是我們在此案例用上的方法。整理出部分的廚房流理檯，並加上止滑墊，同時貓樹旁的層板、桌面以及冰箱頂端等也都要加墊子。如果有些地方是你不希望貓咪上去的地方，比如說流理檯，你一定要有其他可選擇的路線給貓咪使用。

貓宅提供
林・克拉克
盧森堡・梅爾特齊格

貓咪
小波與餅乾

天堂之階
（貓咪版）
貓咪螺旋梯

我家兩隻貓咪都愛爬高，所以為牠們精心設計貓咪階梯讓牠們直上青雲，螺旋式的階梯設計讓我儘可能地縮減使用空間。

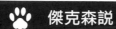

傑克森說

　　我想特別舉出這個案例，原因在於展現了先觀察細節後採取實際行動的過程，林花了很多精神為貓咪製作螺旋階梯，果然好看又實用。

　　這個貓咪之家讓人看了很振奮，因為屋裡有許多地方可以去，不只櫃子頂端，光是這段路就足以成為具有潛力的超級公路，讓櫃子之間有了聯繫通道，就算這不是為貓咪開拓路線，擺著也是一件藝術品。

材料和預算

　　螺旋梯的步階由松木打造，中央軸心結構使用口徑22mm銅
管，固定在天花板那端的則選用15mm銅管，以窄管套進寬管，順
利接軌整條中軸。由於喜歡原木的自然風質感，所以我沒有在木材
塗上任何顏料。總花費包括約50歐元的木材、銅管和零星材料，我
特別在頂層加高邊緣，以防止貓咪睡著之後不小心摔下來。

林的妙招

　　其實這個設計很容易做，只是比較花時間而已。步階數量準備了很多，將近100個吧，然後最重要的就是需要花時間以及鑽孔必須漂亮又筆直，這不會太難但是要摸索一下。如果你也想做類似的東西但更高大一些，可以從階梯中段增加支撐，比如有些地方固定在牆上等等。

 傑克森說

　　哈囉，我的朋友，不要又被嚇到了，這只是其中一個精采範例。貓友們發揮所長為愛貓謀福利，你也有你的專長，不妨想想那是什麼？好好運用出來！

 凱特說

　　螺旋階梯的確是省空間的好方法，而且外型就像一件當代雕塑般，好看極了！你可以選用原木或已染色的木頭，甚至可以親自為階梯上色。

成果發表

　　一開始貓咪們只會好奇地在旋梯上下探索，但沒過多久牠們已經學會怎麼好好利用，小波向來喜歡躺在海盜巢穴裡，餅乾也會在階梯上上下下，或者直接留在廚櫃頂端休息。整體空間看起來也舒適，我相信這是一個很成功的貓宅檔案。

基本要素

　　如果你規劃的貓咪通道上有幾件好傢具，像是咖啡桌或櫃子，上面放一塊照尺寸裁切好的強化玻璃，不但可以防止貓咪磨爪刮壞，同時也更容易清潔。

　　要記住，如果某件傢具的表面受到貓咪青睞經常過來跳上跳下，一定要準備好止滑墊，讓牠們可以及時抓住避免滑倒。

貓宅提供

妮可&卡杜

哥倫比亞・波哥大

貓咪

亞蘭娜

亞蘭娜的
室內遊樂園

小空間的追趕跑跳碰

亞蘭娜是我們從街上救回來的貓,因為空間實在狹小無法放她奔跑、攀爬、玩樂和躲貓貓,本來計畫給她另外找一個家,誰知道我們卻慢慢愛上亞蘭娜——一部分來自觀看傑克森節目獲得的靈感!我們最後決定留下她,並且為她打造一個可以玩樂運動的專屬空間。

亞蘭娜打從一開始來到我們家就非常活潑,所以我們清楚知道需要多些空間讓她任意跑跳才行,我們也可以感覺到她喜歡親近人,所以她的遊樂園不如就設在我們房間裡。

最真實的靈感啟發都來自我們對亞蘭娜的愛,希望她住在這裡仍然保持最佳狀態,有安全感不會無聊,而且覺得被愛和感到開心,我們猜她最想說的話是:「拜託你們,我想待在你們身邊。」

　　我當然很愛這個空間，每一幅畫面都訴説著主人對貓咪的愛，絕對不是敷衍了事的「好吧，不然裝幾個層架」這種。他們思考的方式也很有藝術性，比如想像著她在攀爬時會是甚麼樣子。這個案例的成功在於主人轉換角色成為觀眾，當貓咪在整個環境中移動，牠們如同編舞家和舞者，舉步之間展示著美麗姿態。這樣的角度超越形式和功能的表層，近乎美學體驗，令人感官愉悦。回到現實裡，這個藝術表現源於貓咪如何在空間漫步行走，而成為美好的流動感。

如同前面每一個案例，我們永遠都可以再進步再擴充。以亞蘭娜的美學走道來說，我第一個念頭，為什麼方型盒子只放在一邊？整個空間可以延伸成A、B、C三個端點，充滿無數可能性，但現在大部分都是留白的狀態。我期待未來遊樂園的改造還會持續下去，最好能夠穿過整個牆面。

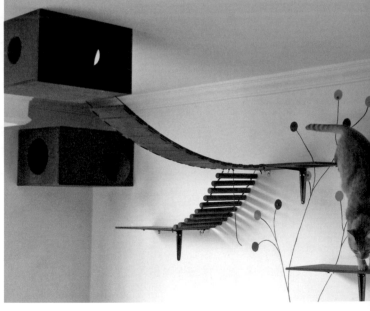

我最偏愛懸吊起來的方盒子，正好提供亞蘭娜稍微躲藏又能監視地盤的據點，利用繩梯做成的橋攀爬上牆也很獨特，另外一個最喜歡的細節是那些層架上刻意切開的洞口，提供在A、B之間自由穿梭的入口通道。

材料和預算

亞蘭娜的案例花費不高，總計約合US＄100元，購買項目包括當地商店取得的木材、從批發賣場找齊基本工具如起子、木材接合膠、層板托架、層板支撐五金、鉚釘、PVC管等等。

妮可的妙招

成功的結構關鍵在於事前詳盡的規劃設計。

成果發表

剛完工時，遊樂園並沒有馬上吸引到亞蘭娜，她只覺得奇怪，而且不打算接近，花了一點耐心和用些食物誘

惑去鼓勵，亞蘭娜很快發現這是專屬於她的地方。現在她天天在這裡玩耍而且深深愛上，因為這裡是一個她完全自主的地方，跑跳穿梭在我們為她加入的各種配件，如果哪天發現她停止使用某個東西，我們也只需要小小的改變，就可以讓她重獲樂趣。

凱特的
辦公室奇緣

　　我自己在辦公室做的空間貓化大公開。搬進這間辦公室之初，書桌上方的吊櫃是禁止進入的，本來想在這個高處展示一些易碎的裝飾品，但一直沒動工，反而是貓咪們坐在書桌上老是向上望著那塊禁區，我從來沒讓他們得逞，因為總覺得讓他們跳上櫃子頂端有點風險。直到某一天我終於放棄，覺得不太可能放任何東西上去（因為我還得清灰塵），便轉向把空間大方奉送給貓咪們，但必須有更容易過去的路徑，否則我的書桌就是他們的跳板了。

　　其實解決方案也很容易，只要在兩側都安裝層板作為階梯，看起來就像兩個坡道，而且沒有貓咪會被逼近角落，我在ContempoCat網站買到理想的層架，或者你也可以用最基本的材料和托架組合起

來，居家賣場很容易買得到這些東西。我另外在頂層加裝麻繩毯止滑，不一會兒，這塊空間果然變成貓兒聚集的場所。現在我只要坐在書桌前，就會有貓咪從上往下看著我，我也可以看著牠們。我很喜歡看到牠們都在上頭，工作時有貓咪相伴左右是一件很開心的事。除此之外還有一件最棒的事，就是牠們各有歸屬，不會再賴在我的鍵盤上。

😺 傑克森說

　　我看這是一種新型的貓咪電視——到底是誰看誰呢？是貓咪看著你工作，還是你看著牠們在上面走動打盹？我覺得太酷了！

基本要素

所有合格的貓宅都必須是止滑墊的愛用者。你將會在所有案例裡看到我們到處使用，尤其是貫穿全家的超級公路上，一面為了貓咪安全著想，一方面也為了你

的傢具表面免於刮傷著想，更是為了一些特殊情況如老貓、行動不方便的貓咪、體重過重的貓，牠們所經過的通道若有光滑面都必須使用止滑墊。

請廣泛在餐桌、層架、書架、櫃子等地方運用止滑墊，任何你想得到貓咪會去的地方都用。你可以在賣場找到背面有橡膠的薄門墊，或者背面止滑的劍麻毯等等，買回來之後再用剪刀裁切所需尺寸好好利用。

凱特的建議

　　自行裁剪的劍麻毯是我設計貓宅時的最愛之一，我經常留有存貨。劍麻毯的製造商會把零碼綑在一起出售按重量計價。我自己的是從拍賣網站eBay買到的，他們的貨通常是條紋狀，幅寬6～10吋（約15～25.4公分），剛好符合許多貓宅使用。買起來的價位大約每磅US＄2～3元，一次購買的量最好是5、10、15磅。

安裝鵜鶘托架的貓咪階梯

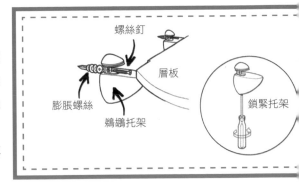

　　鵜鶘托架看起來很吸引人，掛牆固定時有一種漂浮的感覺，但要特別注意螺絲是否有確實釘入牆內的角料，或可使用承重性佳的膨脹螺絲，確保安裝得夠牢固。安裝鵜鶘托架很簡單，先固定好托架，再將板材滑進托架密合，底端再鎖緊即可。

　　鵜鶘層架有許多形狀和各種塗層可供選擇，你一定找得到足以搭配你家風格的款式，有空到賣場逛逛找找吧。

貓宅提供

溫蒂&大衛・赫爾夫婦

美國奧勒岡州・日河市

貓咪

庫柏和以希

抽屜貓塔
老件新生的躲貓貓傢具

赫爾夫婦曾看過一個把舊抽屜老件新生的傢具，深深啟發他們自己動手做的靈感，加上貓咪很喜歡在抽屜裡小睡，所以這一定會是個超棒的貓宅點子！

溫蒂和大衛果然成功造了一座獨特的貓塔！而且是找來好幾個舊抽屜層層相疊，立刻變身為可以攀爬的遊樂結構，而且加買木框架用不了多少花費。完成後的抽屜貓塔大約70吋高（約178公分）卻非常穩固，溫蒂補充説：「當你打算做一座這樣的貓塔，一定要先確定貓咪可以很輕鬆地從第一個抽屜跳往下一個，安排抽屜的位置和距離非常重要。」

材料和預算

我們這次用上的材料包括6塊2×2吋的木板、一組有5個抽屜的舊式五斗櫃，花了US＄40元買櫃子，木條則花了US＄10～15元，

我們是在免費分類廣告網站Craiglist
找到的二手店，其中店家有許多舊傢
具，我們正巧找到合適尺寸的抽屜來
進行改造計畫。當時設定的搜尋條件
為抽屜的尺寸要相同、偏長方型、不
要太大或太小，我們的確花了一點時
間才找到完全相符的舊抽屜。

溫蒂和大衛的妙招

這組貓塔需要兩個人合力完成，
雖然已經計畫要怎麼做怎麼放，我們
還是先把東西試著模擬組裝，先比對
確認滿意之後，才慢慢正式組合固
定。我們都很喜歡那些抽屜皆是實木
製作而成的，而且外面上了一層好看
的漆和裝飾性的手把。

成果發表

我家的貓咪都愛極了貓塔！其中兩個抽屜鋪上溫暖的人工皮草
讓貓咪舒服睡覺，牠們都用得很開心。我們還試了很多地方擺上抽
屜貓塔，直到找出牠們最喜歡的地點為止，結果是靠著冰箱的角落
最受歡迎。從抽屜貓塔還可以連結到另一個貓咪走道，而待在貓塔
上的時候，牠們不僅能看著我們煮菜，也可以自己嬉戲玩耍，最後
窩進抽屜就能好好睡上一覺。

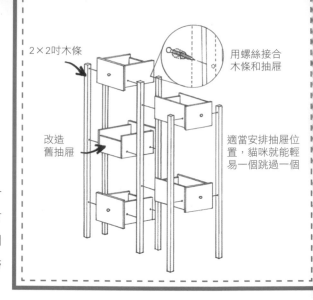

2×2吋木條

用螺絲接合
木條和抽屜

改造
舊抽屜

適當安排抽屜位
置，貓咪就能輕
易一個跳過一個

說真的，還有什
麼比抽屜更好的地方
可以讓貓咪直接臥倒
呼呼大睡？赫爾夫婦
的點子真是太棒了！
每個家庭可以按照喜好自行變化改造，你大可挑選任何一種尺寸或
款式的抽屜，無論是很前衛的或者很古典的都能隨心所欲，貓塔創
作有無限的可能！我自己也很熱愛老件新生，不但節省大筆經費，
舊傢具也不必非得丟棄進了掩埋場。有機會到二手店逛街時，不妨
仔細找找還有什麼好貨，說不定恰巧能變身為貓咪的新傢具。

貓宅提供
詹妮&丹・強森夫婦
美國北卡羅萊納州・威明頓

貓咪
貝拉、米恰、卡莉和安柏

卡莉的超級公路

丹和詹妮為家裡的貓咪——貝拉、米恰、安柏和地位崇高的資深愛貓卡莉，蓋出一條完美超級公路，他們希望用靈活的垂直空間設計，藉此重建老貓卡莉的自信，同時也讓其他貓咪不必落地也能橫行無阻，尤其公路留出設想周到的出入交流道，為多貓之家創建了美好的場景。

我們打造這座超級公路基於三個理由：一、最早從貓爹傑克森的節目中看到相似設計覺得很不錯，我們這麼寵愛貓咪的多貓之家，應該至少擁有一座。二、身為多貓之家，我們很重視每隻貓咪都需要有安全而放鬆的空間。三、卡莉年紀越來越大，其他貓咪喜歡作

弄她，我們希望她有更強的自信心，因為有自信的貓咪才會是快樂的貓咪！

材料和預算

我們用IKEA的層板搭配兩組從寵物用品網站CatVantage買來的貓樹（我們覺得有史以來買得最好的），而層板的花費其實不貴（大約20片總計US＄200元），貓樹則是每座US＄200元，所以總花費為US＄600元搞定了改造計畫。

詹妮與丹的妙招

構思這次改造的第一個步驟，主要在於如何把貓咪跑道和我們的居家空間結合，我們用上傑克森的必勝公式，並自己規劃建立上下交流道。這時候恰巧發現CatVantage的貓樹，它的質感很好、容易安裝、設計活潑有彈性，我家貓咪都很愛！唯一的挑戰在於怎麼讓主結構更穩固，而且能保證我家16磅（約7公斤）的貓咪們安全無虞，最後決定在貓樹底部額外鎖上木板固定以增強穩定度。

成果發表

　　貓咪都愛極了這組超級公路，我們都覺得這
次改造非常成功！有趣的是每隻貓咪用這條公路
的方式都不太一樣，天生攀爬好手的貓咪很喜歡
跑上跑下，而常在地面的貓咪會等待時機，等到
喜歡攀爬的貓咪離開後，牠們才會上去玩，或者
利用這些層板逛到自己喜歡的椅子就停下休息一
會兒。一組超級公路讓貓咪們多出許多選擇，讓她們的生活增加多
元活動空間，我們很想再繼續擴充，而且也已經備有材料和腹案，
下一步打算要鑿穿廚房和客廳的橋面，這樣一來貓女兒們從睡覺到
吃點心的地方，無須落地也可以從容來去。

🐾 傑克森說

　　我太喜歡這裡了，完全同意他們說的——自信的貓咪才會是快
樂的貓咪！強森夫婦的家是個很棒的案例，尤其是會先問自己的貓
咪真正想要和需要哪些。詹妮和丹一直想著卡莉年紀越來越大，其

它貓咪可能會帶給她一些壓力，她必須認清自己不再能像從前輕鬆跑開，或者在垂直空間上下自如。一隻隨年歲漸長而無法相信自己身體能力的貓咪，失去自信後反而會變成別人的獵物。我很想問問詹妮和丹有沒有想過，一、兩年後這組貓樹對卡莉來說是否仍然合用？他們應該開始思考怎麼把階梯換成緩坡，為了老貓做些方便行動的改善方案。總之有備無患，先預想並付諸行動，老貓體力下降是必然的結果，何不趁早計畫？

凱特說

我覺得這組漂亮的解決方案和室內設計完美融合，特別喜歡看到貓咪們像雕像般坐在層架上。把貓樹底部另以木板加強固定更是個好點子，很強！多想

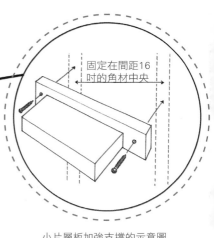

固定在間距16吋的角材中央

小片層板加強支撐的示意圖

多做一定會更好，任何讓層架結構更堅固以承受貓咪重量的設計絕對不會錯，尤其是貓咪們特別喜歡在這些地方追趕跑跳碰，簡直當運動會來玩，我已經等不及要看他們家的第二期貓化工程了。

沒藉口不做的事：
花盆睡床

這組超容易的設計，任何一種舊花盆花器都能派上用場，那些在你家院子裡靜靜擺著的或是二手店找來的都好，既簡單且加上一片舒服軟墊就大功告成囉！這些睡床和居家設計也很搭，大部分時候貓咪覺得窩在花盆就已經覺得不錯了，至於完美的軟墊，也許不必麻煩啦！

　　快起來馬上去車庫、地下室、儲藏室找找，不一定要花盆花器才行，各種容器都不妨試試，比如說閒置已久又捨不得丟的籃子、儲物桶等等，沒有軟墊也沒關係，舊毯子和色彩鮮豔的舊毛巾也不錯，發揮想像力挖寶，找些你看起來開心的東西重新利用。你實在沒藉口不做！

我不需要臭臭的軟墊！

貓宅提供

瑞恩・戴維斯

美國加州，羅斯維爾

貓咪

蜜夏、桑莫絲

貓城

雙貓共享的華麗之殿

我母親和繼父擁有兩隻孟加拉豹貓（Bengal cats），他們一直在討論怎麼幫貓咪蓋一座包含步道的跳台，但遲遲沒有結論。他們已經想到可以利用客廳裡的一小段45度斜角牆來製作，而我恰巧很喜歡設計和蓋東西，而且他們家裡有間夠大的車庫方便作為工作坊，可以利用45度斜角牆的優勢做出很酷的跳台，又能讓我找到機會去買新工具，於是一切就這麼展開了。

我的設計想法是給貓咪一座好爬、能走能玩耍又適合舒服睡覺的美麗殿堂，它必須和屋子建築細節與室內風格相符，因

管教惡貓　傑克森的貓宅大改造

此利用可適應不同貓咪活動的功能模組，結合不同型式的設計，創造這一座天空貓城以達成所有的需求。天空貓城活用獨特的牆面角度做設計，貓咪多了隱蔽藏身處，外觀視覺上又正好把兩面牆交會處補回形成90度角；其中兩個模組設計了階梯，另兩組設計了方塊屋，每個平台都加上邊框讓貓咪可以安心睡覺。其中一段跑道的底端轉角加上了45度角的層板，又形成一個打盹好去處。為了保證貓咪們去不了其他不該爬上去的層架、不該動念的電視機上，我切好兩塊立體三角木料並且塗上和牆面一樣的顏色，剛好放在電視兩側的長型層架上方，這樣一來貓咪完全沒機會踏上這片禁地。

　　這座天空貓城的靈感來自貓咪愛爬高的習慣，並且想要與室內風格完美結合。我一開始先試著繪圖，然後用泡棉塑型製作各式等比例的模擬結構，以確認它的功能性和實用性，使用的色彩也從貓咪身上和原來室內設計中擷取。我觀察到蜜夏很喜歡跑進廚房的廚

櫃上，於是知道她會想要一個在高處的走道，每次看到貓咪們嬉戲，我便能想像牠們會喜歡什麼樣的設計。孟加拉豹貓天生好玩，牠們的生活需要多元刺激，所以我的設計要滿足牠們心理的需求（巡視地盤的行為），也藉此活動身體。充滿活力的貓咪們既調皮又可愛，更是家庭裡的重要成員，牠們當然需要屬於自己的地方，因此每隻貓咪都有固定喜歡睡覺的幾個地點，我相信蜜夏會很愛最高處的那條跑道。

材料和預算

貓城的所有材料都可以在居家修繕賣場一網打盡，2×4吋的夾板和地毯總計花費為US＄325元。

瑞恩的妙招

首先，我拍好空間照片並據此規劃基本架構，然後把照片放入電腦開始著手設計，接著用泡棉製作模型，先打造出三種模組試著組合，想像貓咪們是否能夠從內部往上爬。泡棉模型就像一組樣板可以提供參考，之後便開始動手裁切木料，從兩條直線跑道開始，用釘子和黏膠組合木材，最後鋪上地毯，再一一固定在牆上。而過程中最大的難關反而是內部地毯的鋪設，實在很難把地毯塞進去。

泡棉模型試裝

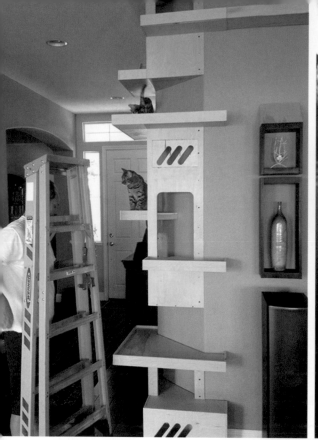

未裝設地毯前的木製層架

 傑克森說

　　我第一個想說的是，真的很厲害！整體風格非常出色，而且我
非常愛那塊轉角牆的巧思，貓咪可以擁有多重通道，頂層設計也很
有趣，一條步道連著一條步道可以層層往下走，想要在轉角做出貓
用設計本來就相當冒險，特別是兩貓在高處的轉角相遇卻進退兩難
的情況下。但這組設計完美化解難題，又能把這塊空間變成家裡超
級公路的一部分，每一條動線上都能找到另一條路替代，雙貓就算
不時巧遇也能輕鬆各自找到新方向。這個設計太聰明了，光是底層
就有7個出入口。

當然，下一階段的貓咪跳台還有機會繼續延伸，必須先找到另外一個值得開發的潛力區，就像這次的45度斜角牆，發揮巧思變身為貓城的樞紐，發展出有規模且有未來延伸性的設計。

🐾 凱特説

　　在我看來這個案例的成果簡直是一件現代藝術品，和家中風格完全契合，雖然看起來需要專業級高手，瑞恩顯然也是一位高段的木工，無論你自認技術層次為何，都可以從他的設計中得到一些實用線索。比如他先用泡棉模擬幾個基本模組，經過多次試驗才進入最後施工，精準作法非常優秀，這個步驟看起來費時，卻非常值得，因為它讓你在真正組裝前有機會再三確認並修正設計。

Case Study

喀什米爾

&

妲拉

洗衣島大逃亡

本篇文章來自節目《管教惡貓》第四季第十四集的幕後花絮

　　布蘭達和她的貓咪——喀什米爾，搬進狄恩的家，與他的貓咪——妲拉同住，但事情發展沒有如預期般的美好。布蘭達對喀什米爾的兇惡心知肚明，她手上的抓痕舊傷足以證明此事，所以當這對情侶決定住在一起時，喀什米爾的掠食者本性再度顯露，可憐的妲拉馬上成為她的首要目標。除了以上的險惡條件，貓咪妲拉還必須面對屋內大約1000平方呎（約28坪）的小空間，她只能小心翼翼而且幾乎無處可躲，因為公寓的空間已經不大又處處是死路，喀什米爾和妲拉常常狹路相逢，最終妲拉只能慘遭喀什米爾切斷逃亡路線。屋內的原始動線其實很糟糕，喀什米爾完全主導的情況讓妲拉

喀什米爾

妲拉

只能活在恐懼中。因此這個案例的大挑戰在於創造一個動線順暢的
環境，進而促進兩隻貓咪和平共存的可能，我們沒有機會犯錯，只
能面對挑戰。

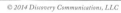

喀什米爾把妲拉逼進死角

　　我注意到妲拉的第一件事情，她每次進入一個新空間會立刻向上觀察，她總是望著層架或吊櫃這些地方，她的目光焦點（或對地盤的想法）常停留在垂直空間。我很清楚如果我們能夠好好聆聽她想告訴我們的事，就不難讓這隻樹林派貓咪找回自信。這個發現令人興奮，但隨著了解妲拉的首要安全藏身處位在走道深處的洗衣機上面，我的心情瞬間又沉至谷底。洗衣機上面也許很安全，但完全不在家中的生活重心範圍內，如果妲拉只能被放逐到這座洗衣島上，她大概會永遠變成一隻隱形貓。妲拉生理上屬於垂直空間，心理上卻屬於地下室，我們得要把她拉回原來的世界，擴張她對領土的自信，直到她覺得自己擁有整個地盤為止。

　　視線拉回到小坪數的空間中，我能夠理解這個案例是經典的都市空間格局。我們必須搭建一座超級公路，連結妲拉的洗衣島和客廳，然後再從客廳延伸到主臥——生活

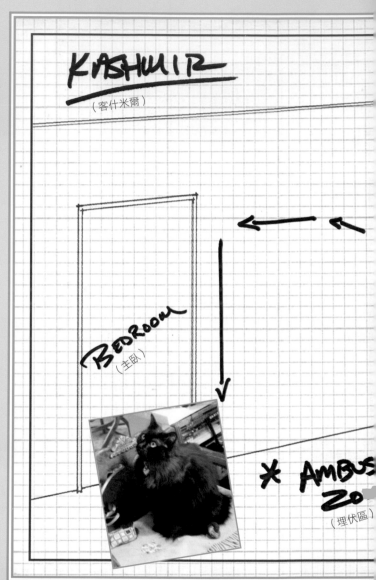

KASHMIR
（客什米爾）

BEDROOM
（主臥）

＊ AMBUS
ZO
（埋伏區）

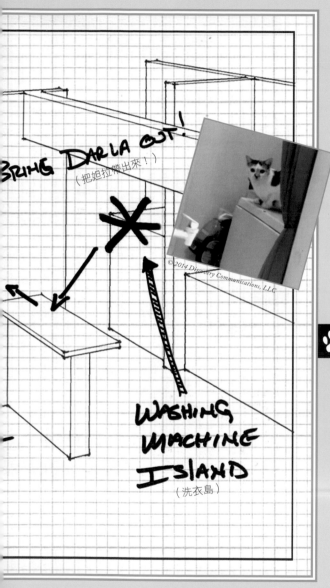

BRING DARLA OUT!
（把妲拉帶出來！）

WASHING
MACHINE
ISLAND
（洗衣島）

在家中的主要社交區對貓咪非常重要，因為貓咪很喜歡親近主人。動手開始這件任務前，必須時時刻刻牢記進行的目標設定應該是「整合」，在我談到超級公路時，許多人往往誤以為超級公路是用來讓貓咪生活在上面的地方。當然不是！我們的任務是希望妲拉能從她最能放鬆的高處重拾自信，進而能夠挑戰往下走，一直努力到有天可以靠自己和喀什米爾在地盤上真正面對面。說起更長遠的目標，我們得把避免衝突的高流量交通動線和未來擴充性等等都要好好放在心上。革命尚未成功，我們仍需努力！

🐾 凱特說

我走進布蘭達和狄恩的家時，很難一眼看盡整個空間樣貌，因為現場又小又堆滿傢具和個人物品，這種場景很常發生在兩家人搬到一起的時候，一副他們得要把所有東西塞得角落滿滿為止，最後恐怕會得幽閉恐懼症吧。不管是對人或對貓，他們一開始並未想清楚關於動線的事，我能了解這次的挑戰在於先找出可著手規劃的焦點區域，並且從混亂中找出秩序。

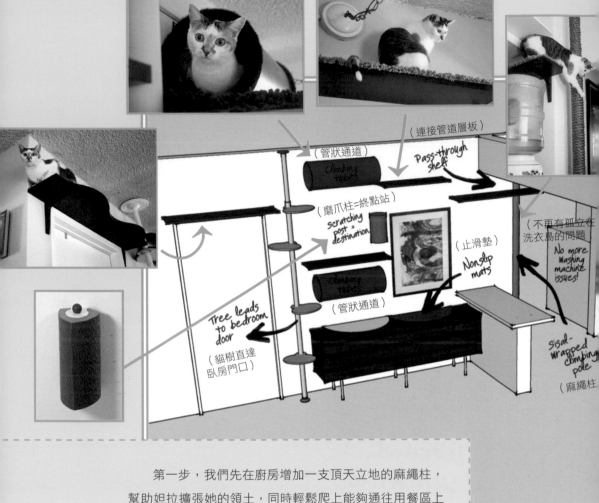

（連接管道層板）

（管狀通道）
Climbing tubes

Pass-through shelf

（磨爪柱＝終點站）
scratching post = destination

（不再有孤立在洗衣島的問題
No more washing machine issues!

（止滑墊）
Nonslip mats

Climbing tubes

（管狀通道）

Tree leads to bedroom door

（貓樹直達臥房門口）

Sisal-wrapped climbing pole

（麻繩柱）

第一步，我們先在廚房增加一支頂天立地的麻繩柱，幫助妲拉擴張她的領土，同時輕鬆爬上能夠通往用餐區上方的層板。從這組基本架構出發，搭配鋪上地毯的跳板、懸吊式管狀通道和一座貓樹設計，妲拉已經擁有一條完整的超級公路直達布蘭達和狄恩的主臥室。請特別注意這裡的管狀通道和跳板的關係，管狀通道都是空心繭狀設計，並非洞窟型態，這樣一來妲拉可以自己選擇待在管子裡，

或者回到開放式跳板上，也就是她隨時可以決定準備好了才現身。我們同時還清理掉書櫃上的一些雜物，結合了下方的書櫃才算完成整條超級公路。書櫃上另外加裝止滑墊，用意在於邀請妲拉下來巡邏空間裡中等高度的場域。

妲拉的超級公路包含以下元素：

- 一支頂天立地的麻繩柱：讓妲拉可以在廚房自由上下她的超級公路。
- 貓咪跳板：跳板能幫助交通分流，記得在每個平面鋪上毯子作為止滑。
- 書櫃平台：把跳板下方的書櫃清理乾淨並鋪上止滑墊便成為量「貓」訂作的專屬平台，而且變身成為超級公路的一部分。
- 懸吊式管狀通道：管狀通道讓妲拉可以安心待在高處，又能在視覺上被隱藏起來，再也不用擔心喀什米爾的逼視眼光。
- 壁掛式磨爪柱：妲拉在書櫃上方有自己的專屬磨爪柱，不但能放心休息，也能在超級公路上留下自己的味道。
- 貓樹：整個超級公路系統中間設計的貓樹結構提供了上下公路的完美通道。

🐾 貓窩 🐾

「貓窩」（Cocoon）和「貓穴」（Cave）有什麼差別？貓穴像是隱居的地方，離群索居不想被發現，試圖躲避起來不打算要和別人相遇。貓窩是安全避風港，可以好好休息的地方，而且距離社交熱絡的區域不會太遠。我們稱為「貓穴」的地方通常是在衣櫃最後面，或者床底最深處，而「貓窩」則是有屋頂的睡床可以放在生活空間的中央地帶。

另一方面，「貓窩」原文「Cocoon」本來是破「繭」而出的「繭」這個字，而且我們也相信它應該保有這個意義，因為這個「繭」讓居住者勇於面對選擇和機會，從隱居模式轉出，重新回到那個外在世界。每次要讓恐慌的貓咪重拾自信，我們必須做的就是讓牠們覺得安全，進而慢慢哄牠們出來面對可能會讓自己變得脆弱的開放環境。「貓窩」是一種不可或缺的工具，能夠幫助我們在舒適和挑戰之間取得平衡。妲拉的管狀「貓窩」同時具備通道和終點站的功能，部分封閉、部分開放，讓她可以有自己的時間表，自由選擇什麼時候要出來面對更寬廣的世界。

🐾 傑克森說

　　看著妲拉巡視整座超級公路，對我來說是一個開心的時刻，因為這是一個牽起她的手引導她勇闖天涯的絕佳機會，接著見證妲拉甚至攀上磨爪柱，在層板上漫步，輕鬆遊走垂直空間，有時甚至下到地面，這一切都很令人驚訝。除了在妲拉身上看到的巨大成果，這次改造任務還有許多效益，第一個就是喀什米爾擁有更多空間任他使用，本來一觸即發的壞脾氣被消弭，侵略性也顯著下降。另外一個更重要的是向布蘭達和狄恩證明這個空間裡仍然有許多可能性，我們達成任務了。這次貓化的小空間，我們提供了一些範例和施作想法，當我們要離開布蘭達和狄恩這樣的家庭，更想確認我們不只是一個救急的「OK繃」，很希望能夠送上一副貓咪眼鏡和魔法盒——這才是我們真正期望的。

🐾 凱特說

　　我愛極了這次案例的成果，繽紛又有趣！我們甚至可以把布蘭達的藝術創作融合在這座牆面上，規劃出廚房到客廳的動線，並清除掉周圍障礙，完成

一組搭配跳板、層架的獨特
磨爪柱，我覺得這些多樣的
元素為超級公路增添不少變
化，看著貓咪在上面活動時
就更加有趣。我希望布蘭達
和狄恩能夠從中獲得啟發，
繼續在屋子裡擴充下去。

懸吊式管狀通道

在這個案例中，我們只用了簡單、便宜的材料來打造這個貓咪的壁掛式藏身處。你可以選擇要掛高一點還是低一點，全由你家貓咪的喜好來決定。

材料和工具

首先是各大居家修繕賣場都能買到的厚紙捲筒、準備用來裝飾捲筒外側的漆料或花布，另外則是修飾邊緣的配件、地毯、捲筒內使用的劍麻鋪面、用來吊掛的帆布或尼龍繩、膨脹螺絲、金屬墊圈、電鑽、螺絲起子、水平儀和熱熔槍。

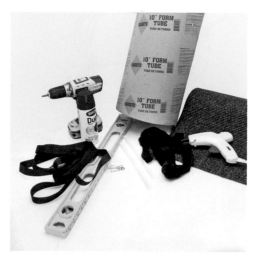

凱特的叮嚀

厚紙捲筒有多種尺寸供選擇，從直徑8～12吋（約20～30.5公分）甚至更大的都有，請選擇你家貓咪可以輕易轉身的寬度，我自己最喜歡用10吋（約25.4公分）的捲筒。

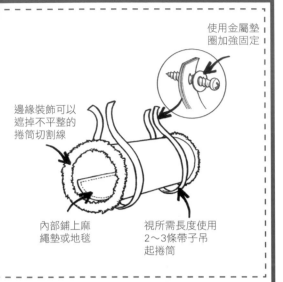

使用金屬墊
圈加強固定

邊緣裝飾可以
遮掉不平整的
捲筒切割線

內部鋪上麻
繩墊或地毯

視所需長度使用
2～3條帶子吊
起捲筒

製作方法

測量並切割好你需要的厚紙捲筒長度，然後上漆和裝飾外觀。黏合布料的膠很容易買到，如果遇到紙筒邊緣切割得不太平整時，可以用熱熔膠黏上一些裝飾，最後使用2～3條帶子吊起捲筒，接著用膨脹螺絲穿過帶子尾端和金屬墊圈，最後鎖上螺絲，便能固定於壁面。

基本要素

如果你家有隻愛製造噪音的貓咪，或者經常跑進你不希望牠們過去的低矮櫥櫃和抽屜，可以考慮使用兒童安全鎖來管理這些門板和抽屜。另外還有一種比較不麻煩的方法，可以使用磁鐵式開關，這樣一來你的貓咪就沒這麼容易打開門，但是屋主自己用起來依然輕鬆愉快。

貓宅提供

席薇雅&大衛‧強納生夫婦

美國加州‧科斯塔梅薩

貓咪

宓西、牧思

終極觀景台

這是強納生夫婦的小型改造，席薇雅和大衛一開始只是想在窗邊為貓咪安排一個休憩兼觀景台，但是沒找到喜歡的現成品，所以乾脆自己來。他們在居家修繕賣場找到一組層板和托架，再添一張舒適貓床，貓床和層板之間用魔鬼氈固定，這樣一來便能輕鬆拿下來清潔，不過平常貓咪想跳上去時，這個貓床就必須留著。

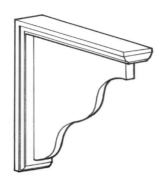

層板托架的樣式

客製化一組貓咪層板的休憩區其實不難，你完全可以依照自己的預算和喜愛風格親手打造。當你決定自己動手做，第一步就是選擇你想用的托架，從現代風到傳統式，從極簡到華麗派。這個案例裡席薇雅和大衛挑選了白色素面、有著隱藏式五金的層板，看起來很有現代感。托架的材質大致分成塑膠、木質、金屬，不妨先逛逛居家修繕賣場的收納區尋找靈感，或上網快速搜尋一下各種托架款式。這頁我們提供幾種款式給大家參考，款式從簡單基本款到具裝飾性的都有。

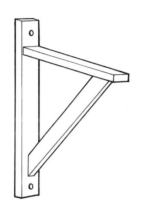

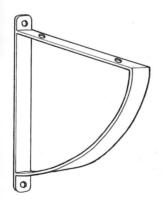

貓箱吊床

這件好物結合了貓咪最愛的兩樣東西——紙箱和吊床，你需要準備的東西也只有簡單的工具和材料，然後你家就會多出一個好玩的景點，一個你家貓咪可以自得其樂的好地方。

材料和工具

紙箱（至少30～35公分高、30～46公分寬或深）、熱熔槍和熱熔膠數枝，銼刀，剪刀和刷毛布料。

靈感來自Cat Above Compnay寵物用品公司設計製作的貓吊床產品（SnoozePal）。

製作方法

先在紙箱的四個側面挖洞，每個洞的四邊各保留3吋（約7公分）寬，接著用熱溶膠密封紙箱的上下側。

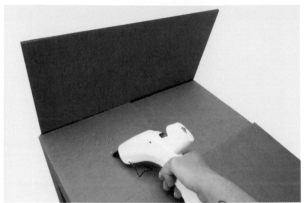

立起紙箱後，用剪刀最前端在邊柱的中央處刺穿紙箱，四面總共八個洞。

刷毛布展開後的尺寸，應該比紙箱長寬至少各多出4吋（約10公分）。舉例來説，如果你的紙箱是18×18吋（約46×46公分），你的刷毛布需要26×26吋（約66×66公分）。如下圖，18＋4＋4＝26。裁好的刷毛布從四個邊角向中心斜剪出約4吋長

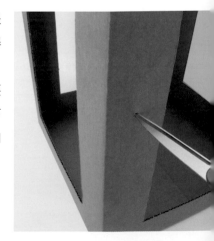

18" + 4" + 4" = 26" (46+10+10= 66cm)

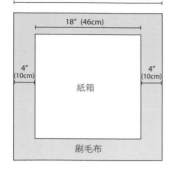

18" (46cm)

4"
(10cm)

4"
(10cm)

紙箱

刷毛布

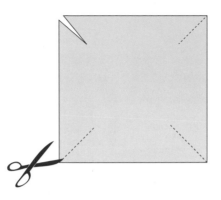

將刷毛布的邊角分別穿過紙箱的洞口並向外拉出，兩端處兩兩打結
後完成。

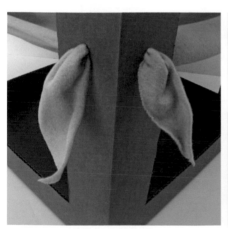

激 發你的創意！試著用不同紙箱實驗，把吊床調高或調低，
也可以在底部多放一條毯子，讓這個休閒小棧多些不同層
次的享受。

貓箱吊床 　175

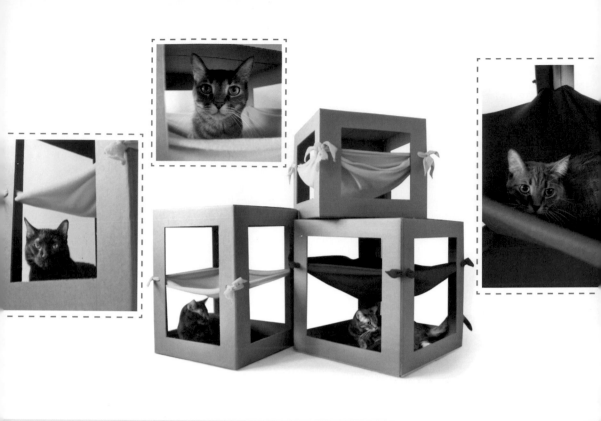

安全建議

如果你選擇的是家裡不用的二手紙箱，記得注意清除以下小細節，以免造成貓咪吞食或窒息危險。

包裝膠帶　　裝訂的釘子　　標籤紙　　信封膠膜　　脫落的拆封線

貓宅提供

路齊歐・卡斯楚

美國紐約・布魯克林

貓咪

紫羅蘭、克里歐、亞美嘉

用力抓抓！

把桌腳變成抓抓柱

我打算為貓咪打造一組磨爪傢具，但我發現了兩件事：一、貓咪很討厭不穩固的磨爪柱。二、磨爪柱必須夠長夠高才能讓貓咪好好伸展身體，越像貓樹當然越好。不過我住在紐約，空間非常緊縮，不太喜歡市面上那些貓咪專用傢具，也擔心很占空間的問題。所以我決定好好利用家裡的餐桌桌腳，先把其中一隻纏上麻繩，我家貓咪對這隻磨爪柱可說一見鍾情，自己做起來超級便宜又好看，而且完全不占空間。

材料和預算

麻繩、釘子、槌子，總計不到US＄10元。

路齊歐的妙招

　　我沒有任何DIY經驗，所以這真的很容易又很快速，就像你看到
的一樣，我只是把麻繩纏上桌腳，用釘子固定住在後方。

成果發表

貓咪都很愛這個磨爪柱，我到現在都覺得很神奇！

讓我來告訴你我有多愛這個案例。第一，它只花了不到US＄10元，應該在任何人的預算範圍內。第二，路齊歐完全沒有DIY經驗，所以這件事人人都辦得到。第三，他能夠從貓咪的觀點看事情，太棒了！

跟著路齊歐的腳步，像他一樣從貓的觀點看待事物。路齊歐注意到家裡的貓咪喜歡伸展著身體磨爪，但不愛不穩固的感覺，他自己不喜歡一般市售的貓咪傢具，所以自己在家裡發掘其他的可能性，就這麼激盪出新玩意！

對貓咪來說，沒有什麼比這件傢具更成功的東西，因為這完全出自一個很單純的想法，這也是我希望每位貓咪守護者都能放手去做的事——想想你家貓咪的真正需求，然後思考可以如何實行在你的世界裡，其他的方式並不一定合用。

最簡單的方式卻讓我開心得暈了！我覺得這張桌子絕對聰明過人，我簡直想把自己家裡能包起來的地方都纏上麻繩，你想想這會有多少可能性！

路齊歐不需要像其它案例一樣得用熱熔膠來固定麻繩，他的方式經濟實惠，因為未來這些麻繩會脫落並需要更換，沒有上過膠反而容易處理。他直接用釘子固定在桌腳上，你也可以考慮用螺絲鎖上，但最好避免釘槍，因為釘針可能會輕易掉出來，變成貓咪窒息的小東西。

當你想著貓化你的家，必須瞭解的第一件事應該自問：「我家貓咪想要什麼？」所有的事情就會順其自然發生了。

用力抓抓！ 181

走向快樂領土的
貓咪門神

本篇文章來自節目《管教惡貓》第五季第十一集的幕後花絮

如果你想要踏進蓓絲和喬治在聖地牙哥的家門，必須先經過護

芮斯守著門口　　　　　　　　　　　芮斯守在玄關平台

主忠貓芮斯設下的重重關卡。一隻完全不具備任何可愛貓咪魔力的貓，她不會在門口盛情歡迎你，同時端上開胃菜，而是無一例外霸著門口說：「別想越過雷池一步！」更常發生的情況多半是蓓絲和喬治的訪客被恐嚇或驚嚇之外，還有幾次的流血事件。芮斯一切都是為了護衛家園，她想讓所有來到門前的人搞清楚這裡誰是老大，芮斯對於蓓絲和喬治領土的所有權顯然有點失衡。

　　芮斯通常會駐守在大窗前面對著門口的位置，從這裡可以掌握所有進進出出，她會來回踱步巡守，看起來像是被關進籠子的野獸。和所有猛獸一樣，一旦門被打開，有如被驚嚇的蛇快速攻擊。她雖然會對蓓絲和大衛暫時收起兇猛威嚇的態度，但只要其中任何一位想要把她從崗哨移開，芮斯也不會放過他們。

　　另一方面，蓓絲和喬治都經歷過瘋狂愛貓老太太的不好印象，所以當我們開始討論如何把家裡改造成貓宅時，蓓絲的想像大概會到處都是粉紅色長毛毯，她非常害怕凱特會把她家弄成這種粉紅色的瘋狂老太太貓屋。

芮斯守在窗邊

走向快樂領土的貓咪門神

一開始看到他們家的窗戶和大門的相對位置，我其實滿挫折的，因為這些空間到處都是死角，廚房簡直像個黑洞，很難把芮斯引導出來，或者避開她的攻擊。看起來能做的很有限，即便我知道先把環境動線做得更順暢就能幫助芮斯做到兩件事。第一，遠離死守門口的區域。第二，有足夠的自信，所以不需要捍衛地盤。以上聽起來很簡單，一旦開始規劃卻困難重重，我覺得自己在這裡無計可施，於是決定打電話給凱特。

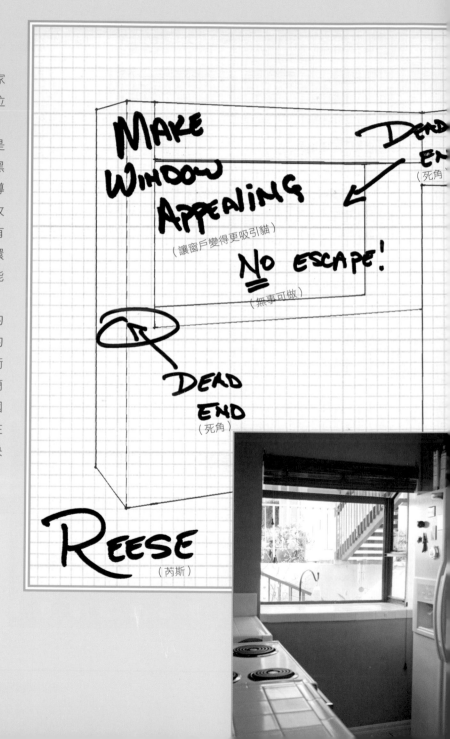

MAKE WINDOW APPEALING
（讓窗戶變得更吸引貓）

DEAD END
（死角）

NO escape!
（無事可做）

DEAD END
（死角）

REESE
（芮斯）

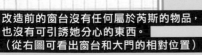

FRONT DOOR

（前門）

　　我瞭解了屋內建築結構上的挑戰之後，便知道興建超級公路在這個家庭是不可行的。我們決定把重點放在廚房的大窗，創造一個讓芮斯覺得比守門更有吸引力的地方。很顯然地，她平日在窗戶附近的生活，除了巡守有誰接近門口之外，沒別的事好做，只好隨時處於備戰狀態和設定攻擊。芮斯長期以來太關注於侵入者這件事，反倒已經對環境中其他事物失去好奇心，比如窗外的小蟲子和鳥兒對她而言只是一點點小干擾，並不是她想觀察或參與的事情。我另外注意到蓓絲和大衛在家裡，除了客廳的一棵貓樹之外，幾乎沒有貓咪專屬的東西，芮斯的確需要一些歸屬和她能夠標記自己的地方，但我們也得採取蓓絲和大衛會開心的方式來緩解這屋子裡的恐懼氣氛。

　　我們必須先讓芮斯不再死守前門或趴在窗子附近，這是最關鍵的步驟。想改變她之前，得先給她另外一件不是捍衛地盤的工作，我們想讓空間更有流動感，找機會引誘芮斯去玩，讓她忙碌一點。

　　我們的目標是把窗台領土權先交給芮斯，這麼做並非要她分心，其實是希望她轉移陣地，打從心底的從前線撤防，退到屬於她享樂的大後方，一個開心、有趣的據點，而且讓她覺得這也是一項重要任務。

改造前的窗台沒有任何屬於芮斯的物品，
也沒有可引誘她分心的東西。
（從右圖可看出窗台和大門的相對位置）

我們重新妝點了整個窗台區，改頭換面變成專屬芮斯的地盤。

我們增加的東西包括這些：

- **麻繩坡道**：從窗台延伸到冰箱頂端的麻繩斜坡，成為芮斯穿越屋內的另一條替代道路。麻繩柱不但可以磨爪，也是讓她留下氣味宣示主權的有效方式。
- **止滑墊**：冰箱頂端鋪設止滑墊，不僅防滑，也讓芮斯有個軟墊好休息。

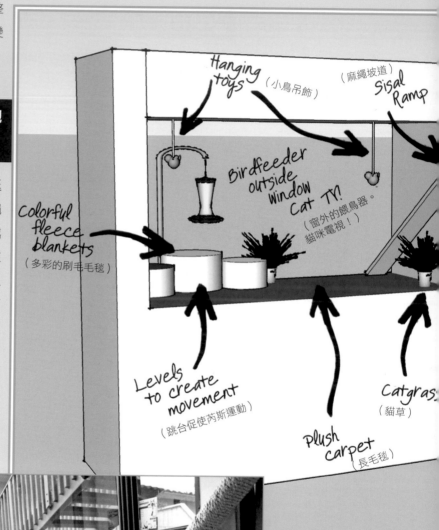

Hanging toys （小鳥吊飾）

（麻繩坡道）Sisal Ramp

Birdfeeder outside Window Cat TV! （窗外的餵鳥器。貓咪電視！）

Colorful fleece blankets （多彩的刷毛毛毯）

Levels to create movement （跳台促使芮斯運動）

Catgrass （貓草）

Plush carpet （長毛毯）

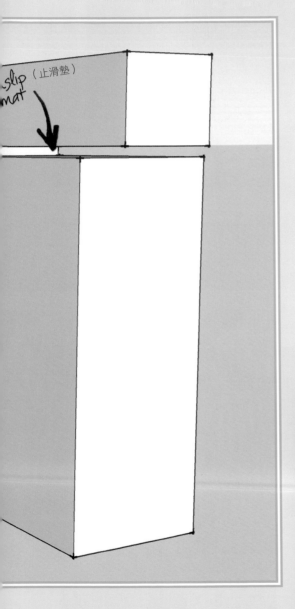

（止滑墊）

slip
mat

- **厚地毯**：整個窗台鋪滿長毛毯不但幫助芮斯留下氣味，也有止滑功能。
- **貓草**：芮斯可以忘情嚼食的天然植物，讓她習慣卸下心防。
- **高低跳台和刷毛毯**：找幾個堅固的儲物桶翻過來使用，芮斯在窗台空間裡就可以跑跳運動。桶子上用幾塊刷毛布做成柔軟小毯，不但可以留下氣味，也是漂亮的空間裝飾。
- **小鳥吊飾**：隨風飄動的小鳥吊飾可以吸引芮斯的注意讓她有不同的娛樂。
- **餵鳥器**：掛在窗外的餵鳥器引來真正的鳥兒，就像貓咪的專屬電視頻道一樣，更多有趣的變化吸引她的注意力。

貓爹語錄

🐾 貓咪電視 🐾

　　當我們自己想要坐在電視機前，不外乎是能夠把自己丟到一個可以放鬆身體、轉移焦點忘卻整天煩憂，甚至放空的地方。同樣的，就像人類被電視機裡的某種東西催眠了一樣，貓咪也需要被迷住、被催眠，可能是望向窗外的時刻，或者是注視有趣的水族箱，甚至盯著一隻鳥兒、蟲魚都好。這種催眠近乎身在另外一個世界，有點不由自主地忽視身處環境無法自拔，轉而成為一種外人看起來神遊，卻是牠們專注的狀態。

　　一旦進入這種聚焦潛在獵物的狀態，原始貓的野性有如引擎被發動。獵捕前認真觀察是很重要的步驟，距離出手猛撲那一瞬間不過如此，剩下的只有牠們心中的打量和盤算，獵物的一動一靜、每個步伐，甚至速度及模式都早已在牠們

的掌握之中。當你發現家裡的貓咪正在凝視窗外，不知道究竟過了多久，但這可能是牠們日常生活中除了睡覺之外最重要的一件事。看起來是貓咪主動關注著電視，然後某個程度神遊其間。但真實情況卻是消極的被窗外事務控制住，反而忘了自己。

想要改造一個全新空間，你的第一步必定是改造窗戶周圍。問問自己，如果你是一隻貓，有哪些窗外的東西會讓你無法抗拒？然後就可以在周邊增加相關的物品，比如餵鳥器，或者能引來鳥兒昆蟲的植物花草，同時要考慮到窗戶旁是否設計了可供休息的平台、貓床等這類傢具，讓貓咪放心又舒適地待著好好欣賞這世界。

無聊是讓貓咪搗蛋的主因之一，而貓咪電視正好是對抗無聊的終極手段，對於多貓之家更是解決貓際紛爭、和主人分離焦慮的絕佳方案。貓咪電視讓牠們的身心靈有正當出口，而且只為一件事——打獵、追捕、分食獵物。只要你願意提供這些活動讓牠們抒發，便能有效防範貓咪製造出一大堆問題。

沒藉口不做的事：
貓草花園

在屋內增加一些新鮮的貓草或貓薄荷盆栽，不失為既省錢又讓貓咪放鬆的好方法。透過嚼食這些植物，不但能夠幫助消化，也補充了牠們在野地時所需的綠色能量，而且讓牠們有歸屬感。你可以考慮找幾個閒置花器懸吊在屋內，自己動手做，從種子發芽到長成草其實不難，花費少到幾乎不用錢，根本不需要是綠手指等級的園藝高手也辦得到。想找成品，可以直接找寵物用品店或獸醫院都買得到，你完全沒藉口不做！

幕後花絮（你在電視節目中沒看到的故事）

我們在用餐區也架起了一座貓樹，貓樹上全鋪好了地毯讓芮斯得以留下氣味，藉此有地盤歸屬感。芮斯很喜歡待在流理檯上，貓樹正好讓她另有選擇，更容易到達這塊區域，而且坐在樹上就能直接監視門口的狀況，這裡距離門口又夠遠，現在芮斯只需要靜靜坐在貓樹上便可以掌握門口進出訪客的動態，完全不需要埋伏在前門附近隨時準備突襲。我們在貓樹最上面保留一塊麻繩磨爪區，讓她有地方留下自己的氣味記號。

餐廳改造後

餐廳改造前

走向快樂領土的貓咪門神　**191**

改造工程的最後一天，就像送給芮斯一個大獎，而且同住的蓓絲與大衛也住得愉快，過去令人頭大的問題迎刃而解。以前芮斯把守衛門口當作一等一的要務，經過設計慢慢卸除她身體和心靈上對窗前區域的緊張感，巡邏踱步的狀況漸漸獲得緩解。這個案例從置死地而後生中得到珍貴經驗，我們成功轉移了她對特定空間的過度聚焦。

我們必須要換成芮斯的腦袋來思考，用相同的視線看事情——空蕩蕩的窗台區、每位經過前門的訪客都威脅到她的地盤，讓她缺乏歸屬感。只要用心瞭解她的想法，我們就能改變並貓化她的生活空間，進一步讓她的活力有正常宣洩管道。

最後我們成功了，芮斯幾乎立刻接受了全新的窗台，並在上面展現了平和自在的態度，她也喜歡那些貓草、貓薄荷，甚至會站起來把玩上面的小鳥吊飾（真的很興奮地玩喔）。整體看來，窗台區成功把窗外的花園景致引入屋內，整個設計視覺上更有流動感。

沒藉口不做的事：
餵鳥器和貓咪電視

這個動作也很輕鬆，只要在家裡任何一處的窗外加一個餵鳥器，無論是掛在樹上或者懸吊於屋簷，還可以利用固定在土裡的植物攀爬架，立刻就成為貓咪電視！然後安排好貓咪可以輕易到達的路徑，就能舒服地坐下觀賞好戲。餵鳥器最好真的能夠吸引足夠的大自然訪客來到你家，芮斯家正好在蜂鳥聚集的聖地牙哥，所以我們為她挑選了這組餵鳥器。快站起來，現在就去準備吧！

好坡讓你勇往直前！
製作麻繩坡道的方式

要製作坡道只需備好一些很基本的材料，在各居家修繕賣場都能找到。只要打造一個簡易坡道，往後家裡處處用得到，它可以作為「訓練輪」，讓貓咪熟悉新的移動路線，也方便從某個地點離開。你也可以嘗試把坡道從原有的位置換到其他地方，讓牠們更有新鮮感，而麻繩可提供貓咪磨爪的快感和標示地盤的作用。

走向快樂領土的貓咪門神

🐾 訓練輪 🐾

我們用麻繩坡道讓芮斯從窗台移動至冰箱頂端，這就是一種「訓練輪」的概念。我們運用這樣的器材來測試居家貓化的元素是否成功，並且經常變換地點來挑戰貓咪，讓牠們勇於嘗試新的挑戰，而不必執著於永久不變的環境。

麻繩坡道的移動方便，如果芮斯這次不打算用，或者蓓絲與大衛發現她從冰箱下來時不太經過，便能另外找尋可行的地點。

另外一種運用「訓練輪」的方式，則是增加更多坡道或臨時階梯，讓貓咪願意到新的層板上走走，之後一旦發現牠們已經習慣且可以自己一躍而上，訓練輪便能移開另作他途。

使用訓練輪可提供你一個方便變換空間內部元素的方法。這個工具可以測試貓宅和貓咪行為模式間的磨合是否成功，用「訓練輪」轉換空間變化，挑戰貓咪血液中的原始性格。就像生存在野外，昨天還不存在的樹枝，今天可能已經倒下。在貓咪廣大疆域的沙盤推演上創造各種新鮮的機會吧！像這個麻繩柱一樣，不時提供一點新素材，在你家貓咪覺得無聊之前，趕緊搬到另一個地方。「訓練輪」的概念，坦白說就是要激發出貓咪內心深處的野性。

材料和工具

約2×4吋（約5×10公分）或任何尺寸的木板，任一尺寸的麻繩（劍麻或馬尼拉繩），我們目前用的是3/8吋款式，一把熱熔槍和熱熔膠數隻、電鑽、剪刀或刀片。

凱特的叮嚀

- -

到居家修繕賣場找一些零散賣的木材角料，這些零碎材料裡說不定剛好有你想要的尺寸，而且正在大特價！

這玩意真的很容易，在木板底端鑽出一個小孔洞，稍微比你的麻繩粗一點即可，我用的是1/2吋的鑽頭，我的麻繩是3/8吋粗，剛剛好合用。繩頭穿入孔洞後，用熱熔膠黏合固定，然後麻繩開始捆繞木板，注意要邊繞邊用熱熔膠黏合。當繞到木條另一端時，再鑽出一個洞穿過麻繩並以熱熔膠固定。

凱特的叮嚀

🐾

剪掉繩子前，先用膠帶包好，才用剪刀或刀片割斷繩子，這樣可以確保麻繩末梢不容易被磨損。

不需要縫製的布毯

柔軟的刷毛布布毯正是絕佳的氣味吸收器，還能額外保護你的傢具，且方便拆換下來直接丟洗衣機。最好能準備一堆這種布毯，如此一來隨時都有新的布毯可以換上，另一批還可以等著慢慢清洗。

材料和工具

刷毛布、剪刀

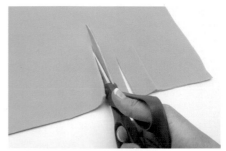

　　刷毛布是一款超級好用的材質，容易裁剪，不需要縫製，也沒有鬚邊的問題，除此之外能夠直接機洗、烘乾，很好照顧。刷毛布在各大手工藝用品店和布店都很好找，而且色彩繽紛，花樣選擇多多。

　　最簡易的刷毛布布毯製作方式如下。先裁好兩塊尺寸一模一樣的布料，每邊比完成尺寸再多預留4吋（約10公分）的寬度。舉例來說，你想要一塊16×16吋（約40×40公分）的布毯，請於裁布時量好24×24吋（約60×60公分）的大小（每一邊寬度要加兩組4吋長，16＋4＋4＝24）。下一個步驟，將兩塊布料相疊，從邊緣往內剪出1吋寬、4吋長（約2.5公分寬、10公分長）的條狀，以此類推，沿布邊一條條剪開（請參考下圖指示），四個角落的布料可以丟掉。再將上下兩層的布條一根根綁起來，布料可選擇不同顏色，這樣就可以雙面使用。

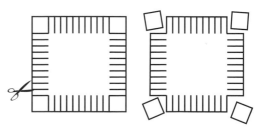

給芮斯的布毯也是這麼製作的，我只是順著儲物桶跳台的尺寸，把布料裁成圓形，同樣預留4吋寬的邊緣後剪出條狀，再將布條打結，放上去尺寸剛好符合。

懸吊式貓咪玩具

芮斯的窗台有著玻璃屋頂，我決定用幾個吸盤式玩具掛在中央，因為在店裡沒看到喜歡的玩具，於是我打算自己動手做，以下是我的製作流程。

材料和工具

大型吸盤、店裡買來的貓咪配件、彈力繩（一種有彈性的繩索，店裡有各種尺寸供選擇，我用的是1/8吋粗）、剪刀、針線。

這個玩具也超級簡單！第一步，我先把吸盤上的掛鉤拆了，你應該用不上這個。接著把彈力繩的繩頭綁上吸盤，並在尾端打結固定。測量好所需的繩子長度後，額外多抓1吋長（約2.5公分），一樣在尾端打好結，然後將你喜歡的玩具配件縫在繩結上，確定縫得夠牢固。是的，這樣就完成啦！

有了這個方法，你可以從店裡買來任何材料，為自己的貓咪量身訂作任何玩具。我曾經做過一個小鳥玩具，貓咪抓到它的時候還會發出吱吱叫聲響，玩起來更帶勁。

凱特的叮嚀

　　用彈力繩製作玩具時，不妨最後用打火機或火柴在繩頭點火稍微燒一下，這樣可保持繩子不容易磨損脫落。

　　芮斯來到窗台新樂園時，第一眼注意到的便是小鳥吊飾，她馬上跳起來拍打它，很陶醉在拍打時發出的鳥叫聲。

走向快樂領土的貓咪門神

貓宅提供

克里斯&蜜雪兒・胡流士夫婦
美國佛羅里達州・奧蘭多

貓咪

米登、博西

跳跳！貓咪上樹

克里斯和蜜雪兒創造的完美貓牆

克里斯與蜜雪兒親手打造這座完美傢具給愛貓米登和博西，只用了IKEA買來的LACK層架，看看照片中左邊的跳台，很棒的貓宅設計，而且簡單到不行。

貓爹語錄

🐾 貓宅好物 🐾

　　貓宅好物是實際測試你是否真有創造力，尤其是不直接
購買架上現成的寵物用品，轉而發掘出本來不是貓用品的好
東西。因為你戴上了貓咪眼鏡，就能一眼看穿此物件的獨特
性，剛好給愛貓用一拍即合。

爬爬！
貓咪飛簷走壁
創造簡單的貓階梯

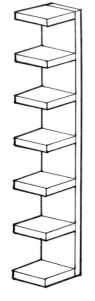

單獨一組LACK壁掛式
層架的完成結構

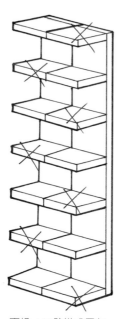

兩組LACK壁掛式層架
並排組裝完成後的樣
子，拆掉打叉的層板

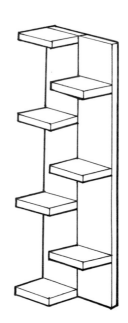

最後貓咪階梯的成品

以下將介紹簡單製作壁掛式貓階梯的方法，而且又有現代感的氛圍。我們選擇了兩組IKEA的LACK系列壁掛式層架組（這家店是貓宅好物不可錯過的地方），組裝時注意並排的兩組層架中每一層只留一片層板，每層留下的層板須分別交錯。將層架放上牆後自然而然形成完美的貓咪階梯，多麼簡單！

貓宅提供

耶莉雅妮・嘉瑪&麥加羅・皮斯提里
巴西・聖保羅市

貓咪

托雷斯莫、莎汀哈、浦定、希薩、
蘇季、蘇露

建築師

默寧卡・密格里歐立・瑟美拉羅

隧道豪景
完美貓隧道設計

耶莉雅妮和麥加羅安裝了這組L型的豪華隧道,想要讓六隻愛貓有個屬於自己的據點。靠近一點看這組隧道,可以發現隧道兩端還各裝設了一道可以開關的專用貓門。如果你想要帶貓咪們去一趟獸醫,或者任何緊急狀況需要抓住牠們,只要關閉這條隧道,牠們就無處可躲,真是個太棒的好點子!

「小」腦發育不全症」（Cerebellar hypoplasia，簡稱CH），也稱為「小腦運動失調症」，是一種中樞神經系統先天失調的問題，小貓小狗都可能有這個狀況。主要在於出生時小腦控制細微行動和協調的部分缺損，以致於患有小腦發育不全症的小貓行動有所障礙，牠們移動不順利且常常摔倒。小腦發育不全症目前仍然無法治癒，但也不會隨年紀增長更惡化。一般來説，有此問題的動物們仍然能正常生活直到最後。

🐾 傑克森説

　　這個家庭的確引起我的好奇心，因為有隻患有小腦發育不全症的貓咪皮朋，但他卻是霸凌別人的那隻，著實很難想像，因為他根本無法好好站著，更不應該會讓瑞德想要逃家，瑞德竟然被皮朋逼到從天窗出走。我實在有點想不透，因為瑞德應該是一隻樹林派天龍貓咪，喜歡高高在上；而皮朋是一隻草叢派地虎，爬不了高只能被留在地面。如果是一般正常身強體壯的兩隻貓，我們可以運用一扇門的兩側，採取積極的食物誘惑法讓他們彼此漸漸熟悉，進一步設計些社交活動讓他們玩在一起。但這個情況我不能這麼做，我不能用常理來對待小腦發育不全症的貓咪，並不是因為皮朋比較激進，而是他很難預測。而曾經發生過的摩擦，立刻讓鋭德被皮朋嚇壞了，即便他根本沒有來到瑞德面前，就已經覺得看到被科學怪人追打的景象。我得好好幫助這位本來是樹林派大王的貓咪，讓瑞德

仔細去觀察另外一隻很瘋狂、但只能留在地面的草叢派如何表現身體狀況和行為模式。瑞德很可能自己幻想著：「那個靠近我的東西到底是什麼？」、「他看起來不像一隻貓咪的樣子。」、「他移動的樣子也不是一隻貓咪啊！」我的工作就是打造一個情境，讓瑞德可以從一個舒服的距離好好觀察皮朋。

皮朋的遊戲墊

🐾 傑克森説

　　對於皮朋，我的主要挑戰在於增加他的自信心。有一種直覺告訴我，某部分的皮朋其實對自己的不良於行非常沮喪，他無法取得想要的東西，走不到想去的地方。我們瞭解小腦發育不全還有一種情況是貓咪越感受到壓力，就越容易加重發作，皮朋的狀況會讓自

樂趣和動態盡在其中。首先必須確認你的容器能夠完全密封，防止你的愛貓可能打開它且驚動了裡頭的小動物們，再來最好注意容器的材質夠堅固，不會很容易破碎，最後請把生態水晶球安排在安全的地方，最好遠離桌子邊緣。

🐾 傑克森說

　　皮朋和瑞德的案例最後獲得了不可思議的圓滿成功，這次經驗將會讓我不時回顧，而且自豪地說：「很棒，跳出框框思考，你就能辦得到！」我們能走到這一步，坦白說，我之前並不覺得能做到，這是貓宅任務中一片得來不易的拼圖，瑞德能夠擁有自己的制高點讓他放鬆，撤除心魔並且掌握局勢，兩隻貓咪的關係也會得到

極大改善。另一個驚喜是皮朋的地墊，我們從這裡得到一頁珍貴的貓宅改造記錄，具功能性也很療癒。

貓爹語錄

🐾 貓咪電視的訣竅 🐾

「貓咪電視」的想法，其實環繞在一個終極主題上——獵捕，某個程度可以說盯哨。勿忘時時運用你的想像力，關注原型貓咪的身心靈都離不開這份獵捕的原始本能，牠們的盯哨不一定能夠取代實際進行獵殺，尤其在牠們看了一整天「電視」之後，請多花些時間和你的愛貓玩遊戲，讓牠們真正動起來！

貓宅提供

婕達&荷西・婁博夫婦
美國亞利桑那州・坦普

貓咪

萊斯、亞雷、艾波林娜、史丹利、
阿莫、迪朵、薩立雅、席夢、黑馬
特、露西、芽妮

客廳裡的
賽道設計

這次搬進新家，讓我們有機會重整環境，盡可能讓一窩貓咪都覺得舒服。我家的貓咪很親近人，所以無論我們走到哪裡，經常都是繞在我們周圍，牠們通常不會坐得很散，所以偶爾會因為爭奪地盤互相叫陣。我們的新家已經有前屋主留下的天花裝飾層板，從客廳到餐廳到處都是，高度大約在天花板下方12吋（約30.5公分）左右，我們決定運用這些現有的層板為起點，努力建造我們家的貓咪賽道。

我們希望維持原來客廳裡的極簡風格，牆面不再吊掛藝術品，或額外安裝書架和任何展示櫃這些東西，因為我們認為貓咪們就是最好的動態裝置藝術。

其實剛開始也沒有任何概念怎麼蓋一座貓咪賽道，很幸運有凱特這位好朋友，她願意前來並慷慨相助。凱特先搞清楚整體空間的交通動線，據此安排貓咪的終點站和休息區，同時在動線之間加上進出的交流道，並且發展足夠的替代道路分流貓咪，免得牠們太興奮想要考察路線，反而全部集中在賽道上的某一段。

客廳裡的賽道設計

　　很開心婕達和荷西找我來做他們的貓宅改造，這個案子太好玩了！我們試著做好預算控管，決定重新利用屋內現存的天花裝飾層板，再添上一些新的輔助道具。我們打算增加上下交流道，因為這裡有11隻貓咪共同生活，肯定會形成交通阻塞。貓咪們並非個個都是樹林派，所以婁博夫婦期待的貓咪賽道不只引導牠們往高處活動，也需要預留向地板發展的可能，讓草叢派和大地派貓咪有其他選擇，以下是我們為這個貓咪賽道規劃的幾個重要結構：

- **現有的天花裝飾層板：**屋內隨處可見的現有層板，正是完美的賽道基礎建設。

- **貓咪跳台：**我們另外在兩個牆面上安裝貓咪跳台，方便牠們直達賽道。

- **現有傢具：**目前的傢具都可以成為公路的一部分，幫助貓咪上下跳台。

- **兩組交錯通道：**在天花裝飾層板交錯斜放兩片木板，以增加賽道上的替代道路，讓交通更順暢。

- **麻繩磨爪柱：**安裝一支頂天立地的麻繩磨爪柱，提供貓咪另一個上下層板的方式，同時具有磨爪和留下氣味的功能。

- **備用道：**為了彌補磨爪柱和牆面之間的間距，在磨爪柱旁安排備用道路的層板，讓貓咪可以從磨爪柱轉移到牆面。

- **包柱U型轉角層板：**在高處新增一片特製的轉角層板，通道從客廳延伸到廚房，讓貓咪可以安然通過兩個空間，且能順利前往建有另一條上下交流道和更多貓咪跳台的廚房。

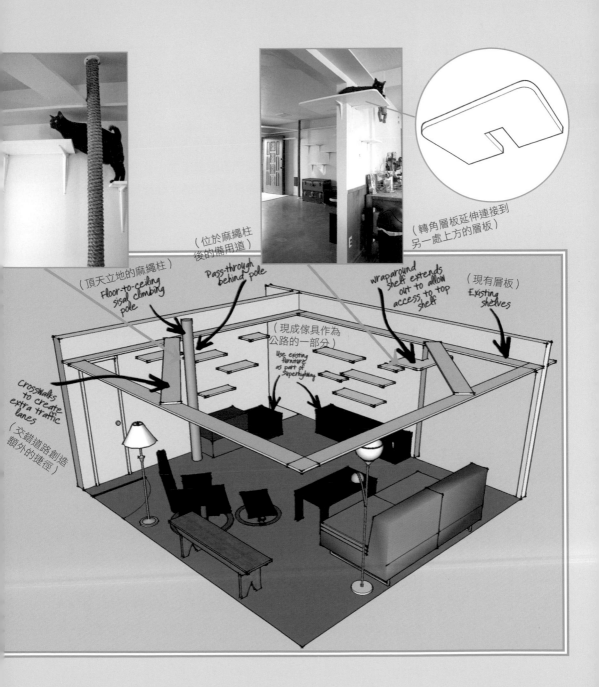

（位於麻繩柱
後的備用道）
Pass-through
behind pole

（頂天立地的麻繩柱）
Floor-to-ceiling
sisal climbing
pole

wraparound
shelf extends
out to allow
access to top
shelf

（現有層板）
Existing
shelves

（轉角層板延伸連接到
另一處上方的層板）

（現成傢具作為
公路的一部分）
Use existing
furniture
as part of
Superhighway

Crosswalks
to create
extra traffic
lanes

（交錯道路創造
額外的捷徑）

我最喜歡通往廚房的包柱U型轉角層板。我一直很想嘗試類似的作法，但這種設計只能用在沒有門的獨立空間，覺得看著貓咪走上層架後，突然出現在另一個房間裡特別有趣，好像某種祕密通道，而且做起來一點都不難。

婕達和荷西的妙招

分階段建造貓咪賽道非常有幫助，過程中我們可以細細觀察貓咪們需要多大的移動空間，尤其是兩片層板的距離測量，應該多遠才方便行動或者夠用來休息。

成果發表

貓咪們對於如何使用新空間的學習能力很強，後來我們總是很期待回家一開門的瞬間，看見貓咪會從哪裡跳上面對大門的層板（或者是我們會看見什麼樣的動態裝置藝術？）家裡有兩隻特別害羞的貓咪——艾波林娜和亞雷，現在也很習慣和其他貓咪一樣在同一個空間黏著我們，因為牠們隨時可以很快地從地板跳上層架，甚至直達賽道去一個覺得放心的高處，在那裡可以俯瞰著大家。還有向來以憨厚著名的萊斯，竟然愛上了在高空賽道瘋狂繞著滿屋跑，只

要牠看到我，就會從最高的層板上奮力衝刺起來，然後沿著賽道狂奔，而且只要我也在下方同樣路線跟著跑，牠就會一直跟著跑個不停。其他時候我們還發現貓咪們會互相競賽，循著高空跑道追逐嬉戲，看起來非常好玩的樣子，因為只要有誰太過度興奮，其他人只要找個交流道離開現場即可。

直上雲霄！
製作一支完美的
頂天立地磨爪柱

材料和工具

- STOLMEN立柱（可從IKEA店家或網站取得）
- 劍麻或馬尼拉麻繩（我們的示範裡使用3/4吋粗的馬尼拉麻繩，各大居家修繕賣場皆可購得）
- 熱熔槍和熱熔膠條
- 螺絲
- 電鑽和起子
- 鉛筆
- 水平儀
- 剪刀或美工刀

凱特的叮嚀

麻繩所需長度和繩子粗細、立柱高度有關,劍麻或馬尼拉麻繩的粗細大約在1/4～1吋之間,1/4吋雖然好看,但你得考慮到用較細的麻繩時,自己一層層纏上去得花多少功夫。

舉例來說,我現在示範的立柱選用3/4吋粗的馬尼拉麻繩,整支為9呎高(約274公分),消耗大約100～125呎(約30.5～38公尺)的麻繩;目前買到的3/4吋麻繩為150呎一綑(約45.7公尺),因此剩餘的繩子還可以另作它用,這款麻繩你可以到居家修繕賣場找、上網從亞馬遜網站訂購或是各建材網站。使用較粗的麻繩會讓整隻立柱變得更粗,其實反而讓你家貓咪攀爬時抓起來更堅實。

自製頂天立地磨爪柱事實上滿簡單的,但仍然有一些小訣竅幫助你順利完工。直接採用IKEA的STOLMEN系列支柱是個聰明好方法,具有伸縮性的設計,方便我們在天花板和地面之間取得最合適的高度。有了這個主結構便能隨心所欲地安裝各種配件,像是層板或抽屜,輕鬆打造出一組很不錯的儲物系統。STOLMEN這個系列本身已經開發了各種組件,你可以自行發展任何可能性,當然也可以只用這只支柱,就能創作出妙不可言的貓宅設計,包括我們現在介紹的磨爪柱。其中,最棒的是你能夠任意選擇支柱撐到天花板的高度,STOLMEN立柱設定的可調整高度在210～330公分之間。

安裝STOLMEN立柱之前你需要先進行測量比對，然後移下來做調整以確保是否穩固，接著才纏上麻繩，變成一支攀爬和磨爪雙效的立柱。綑麻繩的工作完成後，你只需要放上計畫好的位置，旋緊五金裝置，固定在天花板上（可自選是否需要），然後貓咪就可以上來玩耍了。無論家裡是哪種形式的超級公路，這組立柱都是非常加分的設計，唯一要牢記的事情在於立柱僅能提供單行道，因為貓咪爪子只朝一個方向，所以牠們能夠輕鬆爬上柱子，卻無法反向移動，意思是這條立柱只能提供單向上行，無法下行，不過它會是一個非常好的地盤標記地點。

Step 1 組裝立柱：組裝STOLMEN可以參考以下圖片。基本上先把螺帽栓進螺釘中，再將螺釘鎖進立柱的兩端，然後將兩個灰色的塑膠片分別扣進兩端都需要的白色盤蓋上，接著把裝好的白色盤蓋先套入立柱頂端，另一個盤蓋則放到你需要安裝的地點附近。

Step 2 高度調整：立柱套入底部的盤蓋，並微調安裝的位置，開始伸縮立柱直到牢牢貼緊天花板為止，接著在柱子的內管上用鉛筆標記出伸縮後需要的高度。

Step 3 立柱備用：再度拿開立柱，把兩管扭緊直到不再滑動為止，確認剛剛的鉛筆標記還在外管上方，下一個動作即是我們提供的小訣竅，讓你的立柱更為穩固。先在柱子上鑽個小洞，必須同時穿過

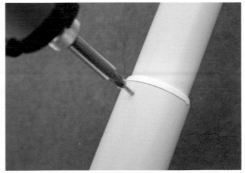

內管和外管,然後鎖進一個螺絲,讓兩個管子不會再旋轉或滑動。同樣的動作在柱子底端也要重複一次,這次鑽洞必須穿過管子和白色盤蓋本身多出的一段高度,防止整支立柱從底部歪斜。

Step 4 綑上麻繩:從任何一頭開始綑都沒關係,使用熱熔膠黏合麻繩一圈圈纏過去直到完全包覆為止,綑麻繩的過程必須一邊上膠一邊用力拉緊,並確保每一層繩圈之間沒有任何縫隙,最後綑到底端時以剪刀或美工刀切斷,將麻繩尾端用熱熔膠加強黏合。

凱特的叮嚀

縅麻繩的動作雖然不需要每一吋都緊緊密密加上熱熔膠，但我後來發現那些沒上膠的位置隨著使用時間變長，就是比較容易鬆開或脫落露出一些縫隙，所以我還是強烈建議整條麻繩都上膠比較好。

Step 5 最後安裝： 把縅好麻繩的立柱移至待命位置，使用水平儀確保立柱準確地垂直於地面，一旦完全就定位後，請遵循STOLMEN組裝說明的指示，將底盤調整在最緊繃的高度上，這樣才能保證立柱穩固得頂天立地，最好能夠有一個人撐好立柱，讓另外一個人慢慢調緊底盤的關鍵動作。最後的最後，也可選擇是否要做，就是在天花板端的盤蓋上再鎖三個螺絲，也是為了固定立柱不會有任何移位的可能。

直上雲霄！製作一支完美的頂天立地磨爪柱

凱特的叮嚀

無論劍麻或馬尼拉麻繩都很容易在底端脫落剝離，一個小訣竅分享給大家。把麻繩兩端另外再用細繩從外圍牢牢綑上幾圈，並且打好死結固定。這麼一來，不但能夠延長麻繩兩端的使用壽命，看起來也更美觀，讓這支頂天立地磨爪柱近趨完美。

貓宅提供

恩諾・沃夫&阿伊達・蕾若

荷蘭・阿爾密耳

貓咪

米卡、莎洛、史努特、卡斯柏、裘
普、奧力維耶、鮑伯、哈利、皮耶
特、湯米、瑞奇

顛倒眾貓

荷蘭阿爾密耳的貓咪足球隊

我們是十一貓之家，房子裡到處都有磨爪柱、貓樹看起來非常凌亂。於是我們自問：「何不把這些貓咪傢具弄到天花板上？」問題是怎麼把它們掛上去？我們決定認真打造一個顛倒眾貓的天幕遊樂場，讓貓咪們自由上下攀爬玩樂。

我們從Quality Cat網站找來現成的貓咪傢具，接下來我們做的事情應該是所有製造廠商聞所未聞、見所未見的情景。我們在水泥天花板上鑽了50個洞，把所有麻繩立柱和跳台都顛倒過來掛著，我們再三確認過這些傢具被懸吊起來還是夠堅固，能夠承受貓咪的體重。

成果展示

現在看起來像是貓咪們終於完全擁有屬於自己的地板，而我們也找回了我們的客廳，唯一比較辛苦的是我們得用梯子才能一一清理這些空間。

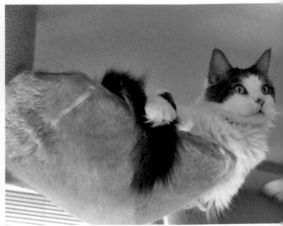

　　首先必須肯定恩諾和阿伊達，他們能夠善加運用現成商品變身為自己的獨創傢具，真是驚人的創作力！當然，這種特別的設計之下，我還是有些疑問：「如果貓咪在上頭打群架怎麼辦？」、「必要時，你怎麼把貓咪弄下來？」以上是我唯一比較擔憂的事，除此之外，這個案例跳脫框框思考，大膽嘗試沒做過的設計，還是非常令人佩服，以後再也別說你沒有空間弄一條超級公路，你家一定有天花板吧！

　　我也十分贊同傑克森，用現成品做出自己的設計，真是太天才了！我想製造廠商一定不敢相信自己的眼睛。另外，我還很欣賞他們以貓樹作為上下的交流道，讓貓咪順利抵達天幕遊樂場，貓樹高高低低的不同位置還能提供很多休憩區，看到頭頂上這麼多貓咪生活著一定非常有意思。

打造一個
貓咪庭院

韋出給貓咪使用的戶外空間，我們稱之「貓咪庭院」（Catio）。有了這樣的活動區域就不必擔心貓咪暴露在完全開放的潛在危險之中，可以放心享受戶外氣氛。「貓咪庭院」包括小型的密閉空間或者精緻的半開放空間，儘管讓你的想像力和創作力馳騁，規劃出一座貓咪庭院（當然還是在你的房東或管理委員會允許的範圍內），訂立這個貓宅改造計畫前，需要先考慮你打算讓貓咪接觸到多少的外在世界。

傑克森説

「貓咪庭院」之於我，絕對是一種最佳妥協方案。凱特和我常常懇求大家別讓貓咪到戶外去，因為我們相信還有其他方式能讓他們一樣接收到新鮮空氣和充足陽光，他們還是有機會看看蟲鳥花草，適度接觸所謂的戶外生活，這個概念下最可行的作法就是用「貓咪庭院」創造奇蹟。在各種建築結構下，無論是完整而精美的庭院或一個落地窗玄關，都能打造一座像樣的貓咪庭院。不管你打算分配多少空間做這件事，請記住你其實正在擴大貓咪的地盤——絕對是美事一樁。

「貓咪庭院」很像貓宅的小型實驗室，它不是客廳或你的臥室，純粹是一個讓你實驗和測試的環境，藉以瞭解你願意投入多少努力讓人類和貓咪皆大歡喜。

從貓咪的行為模式來看，庭院能幫助貓咪勇於挑戰自己的極限，就像之前一再説明過的情況，貓咪庭院一樣有擴充性的問題，需要很多氣味接收器（包括身體上和對領土權的安適感覺）以及超級公路的常用元素，透過長時間的調整運作，培養貓咪的好奇心和成熟度。

凱特的貓咪庭院

　　當年正打算尋找一個新住處時，我和我的房屋仲介相約去看鳳凰城市中心一間很不錯的小公寓。還記得我從客廳走出玻璃滑門，來到屋頂已經老舊的後院，那一瞬間我馬上很確定，「就是你了！」因為我看到這塊未來可以打造成很棒的貓咪庭院區，整個骨架已經儼然成型，我只需要把心中畫面拼

湊起來，我家貓咪就能夠擁有一座超完美的半戶外空間。

　　我先拆除老舊的橫梁，請朋友幫忙重整支撐結構，讓牆面與原來的磚造屋頂間做好遮蔽工程，我們使用的主要建材包括金屬網和粗壯的木樁（尺寸2×4吋）；金屬網讓新鮮空氣和光線自然流通，又能阻擋外來的小動物們不小心進進出出，屋頂部分則是輕鋼架搭建的工業風結構。內部我們則加上跳台層板，製作了貓砂專區以及讓貓咪上下玩樂的磨爪柱。庭院一完工就讓貓咪們出來玩，結果當然「愛不釋爪」。

不必非要完美！

我的貓咪庭院已經用了好幾年，直到如今才瞭解我需要重新審視這裡，因為傑克森很好心地幫我指出了一個重點：「我有一個死巷子格局！衣櫃門上方的層板竟然不能繼續通行。」完全證明了即便是專家也需要更新他的貓宅規劃，但這個例子告訴我們，你必須先開始試著做，接著才能夠發現更多能做的事。不必完美，不必一次到位，所有設計都可能，或者說應該隨著時光推移而適度調整。先安裝幾個層板，觀察看看你的愛貓怎麼使用它們，之後再慢慢修正。像我現在就打算要擴充整條超級公路，使之環繞整個庭院，之後我的貓咪們才能自由奔跑和攀高。

我發覺會讓貓宅改造大計停擺的原因之一，多半是認為沒有一次搞定就表示做錯了什麼，別讓你的設計師自尊凌駕於現實之上。你要想著，貓咪會真心感激你為牠們做的任何事，你為牠們擴張了更多地盤。把改造貓宅的結構先建立起來才是重點，其他多做的都算是賺到的。

凱特的妙招

貓咪庭院也是你的庭院！

　　打造庭院時別忘了同時放進人類和貓咪的傢具，天氣舒適的時候，你應該和貓咪一起共享悠閒時光。你要記得，這裡也是為你自己打造的。

可食用的天然植物

　　貓草和貓薄荷是貓咪庭院的絕佳裝飾，請務必小心放在這裡的植物確認無毒，對貓咪無害。建議你參考美國動物保護協會（aspca.org）這個網站，裡面有一份針對貓咪安全所製作的詳盡植物列表。

安全防護網

　　建立貓咪庭院的防護網一點也不難，無論紗網或屏障式材質的選擇都很多元，甚至雞舍使用的金屬不鏽鋼網片也非常好用。千萬要注意網片和外框每一吋都緊緊密封住，不能出現任何漏洞讓貓咪有機會溜出去

半圓造型層板

 凱特說

　　我為貓咪庭院自製的半圓造型層板，是從居家修繕賣場木板區買來的圓形板，對切再上漆而成。原本直徑為24吋（約61公分），切割之後變成兩組12吋深的層板，搭配漂亮的托架，創造出好看又舒適的貓咪休憩區。

貓宅提供

凱莉・菲格史仲

美國奧瑞岡州・波特蘭

貓咪

米羅、賽門、艾瑪、比利、
波伊、克蘿依、卡斯柏、
瑟蕾詩緹、小泰、艾柏

凱莉的庭園詩篇

在決定我的貓咪們都得住在室內之前，我家的資深貓咪多半都待過室內和戶外，或者有之前流浪街頭的經驗。我很希望牠們能安心、安全地留在室內，我還希望米羅與賽門早點從前庭搬回來，牠們已經在前庭住了三個月，因為反抗新規定所以到處亂撒尿。但是有了全新的貓咪庭院後，一切真的有所改變。

改造前

改造後

凱莉的情形和我類似，她的房子已經有一塊絕佳的貓咪庭院預定地，凱莉只需要想像一下各種可能性。我很喜歡凱莉把庭院屋頂做成透明遮光罩，擋住惱人雨水又能盡情沐浴在陽光下的感覺很棒，尤其是得應付波特蘭冬季多雨的氣候形態。我們都買了這組IKEA用芭蕉纖維編織的ALSEDA椅凳，非常搭配貓咪庭院，因為這款傢俱本來就是設計為戶外使用，而且編織材質本身很受到貓咪喜愛，我本來以為貓咪們會抓花椅凳，沒想到牠們只是很愛坐在上面。

沒藉口不做的事：
貓噴泉

在家裡自製一座貓咪噴泉其實有簡單可行的方法，你只需要一個基本款的水族箱馬達和過濾器（我們選擇的是10加侖水族箱使用的馬達含竹炭濾心，寵物店價格約US＄10～15元不等），然後準備一個碗或任何容器，依照馬達的安裝說明，把濾心插好，掛在容器上或大碗邊緣，把水裝滿後啟動馬達，你的貓咪就可以享受噴泉流動的飲水樂趣了！

 凱特說

任何杯碗或容器都可以用來作噴泉，只要馬達可以掛上去即可。我自己找了一個在廚房閒置很久的復古大碗，我的經驗是邊緣要夠直立才好安裝馬達，如果你的容器有角度，得要在馬達和碗之間加上墊片才好用。

材質方面建議儘量用瓷器、玻璃或不鏽鋼，這些材質好清潔也不容易被抓壞，像塑膠就是很快被抓花且會囤積細菌的材質，說不定還會讓貓咪長痘痘，記得一定要經常清理你的貓噴泉。

你知道嗎？最好把貓咪的餐碗和飲水容器距離分開遠一點？因為在自然界裡，貓咪不太會飲用靠近食物的水源，因為這些水有很高的機率被污染過。這也是為什麼貓咪喜歡喝流動的水，尤其喜歡從噴泉或水龍頭喝，流動的水源比靜止的水源不容易受到污染。試著為愛貓增加一座噴泉，或者至少把牠們的飲水容器移到別處，至少遠離食物一些，你或許會發現，這麼做之後牠們開始比較常喝水。

小秋重回理想園

本篇文章來自節目《管教惡貓》第四季第六集的幕後花絮

大家或許還有印象，我在舊金山之旅幫助過黛比和布萊恩與他們的兩個孩子——布蘭登、艾琳，以及一隻取名為「小秋」的貓咪，送給小秋的貓宅大禮其中有一座用現有中庭改造而成的絕妙貓咪庭院，庭院中正好種了一棵大樹，成為整個半開放式庭園設計的中央主題。

　　小秋正值好奇心很重的青少年時期，她需要大量地奔跑和遊玩，很不幸地最近經過一次在外面走失的經驗後，心靈嚴重受創。所以我再度造訪了這家人，我們需要重新擴張她的地盤，提供一個安全的庇護所，並且能夠放心休息和消耗體力。

　　重返黛比和布萊恩家的前門，我直接走進當時設計的庭院，心裡還是覺得：「好棒的院子！」我不在意屋子裡還需要做什麼，我只想著怎麼改造這個庭院。第一件事，你可以看到那棵長出屋頂外的大樹一直向上發展。這是挑戰之一，因為我們這回要防止小秋不小心又爬樹離家，雖然它曾經是整個庭園的焦點，實在找不出比讓貓咪在生意盎然的大樹上攀爬磨爪更棒的事！

　　黛比和布萊恩一家人接下這個挑戰，他們先把樹梢頂端加裝了閃亮光滑的金屬包覆殼，可以阻撓小秋爬到大樹的最高處，因為爪子沒地方使力，她絕對過不了那塊區域，這辦法太高明了！

　　然後他們又在大樹周圍加上了不同的層板、磨爪柱、貓床、貓草盆栽等，看起來就像一座很出色的貓咪樹屋，小秋也真的很喜歡。一家人還細心放了氣味接收器等物品讓她有更多娛樂，重回照顧她的理想園，不但有很多地方可以探索和標記自己，而且也夠安全，再不用擔心會迷路了。

自製塑膠管傢具

　　PVC塑膠管的應用如同成人版的積木玩具，你可以用來做出任何東西！更是貓咪傢具的完美組合，特別是能在戶外和庭院裡使用，因為PVC材質不但耐用又防水，而且也不貴，結構簡單，用途不可限量。好好運用你的想像力，把這個精彩的系統用在你下次的貓宅改造上。

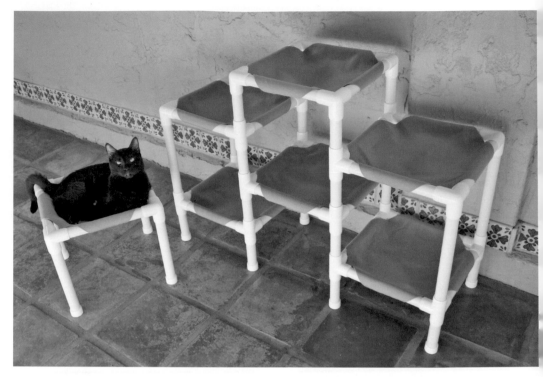

PVC塑膠管

PVC塑膠管有各種口徑可供選擇，大約是直徑1/2～2吋之間，也還有更大的。你得先挑出強度足夠支撐你計畫製作傢具的尺寸，通常是3/4或1吋管是最適合製作貓咪傢具。

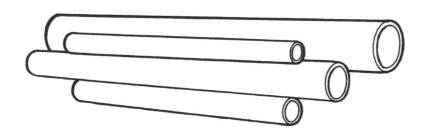

PVC組件

多元的PVC組件讓你自由搭配出不同樣式的結構，下圖是最常見的九種組件：

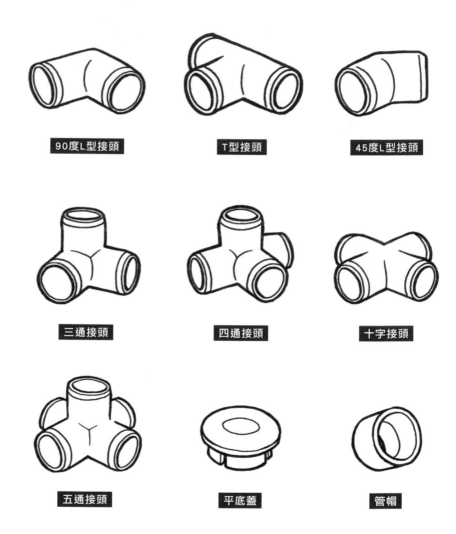

90度L型接頭

T型接頭

45度L型接頭

三通接頭

四通接頭

十字接頭

五通接頭

平底蓋

管帽

傢具等級的PVC管

你直接到居家修繕賣場購買管材，大概會注意到所有塑膠管都已經印上字跡且不好去除。如果你希望完成品不會出現這些字體，當然可以上漆蓋掉，不過建議最好先用砂紙磨去表面，然後使用塑膠專用的特調漆上色，或是可以考慮特別訂購一種傢具等級的PVC管材，這不會印字，而且除了常見的黑、灰、白色，有時候可以買到其他色系，這類傢具等級PVC管要到材料行找或上網搜尋才有。

裁切PVC管

有三種方式可以裁切出你想要的管材長度。一、線鋸。二、專用油壓剪。三、電動斜切鋸。

連結和安裝

開始連結組件時,你需要使用PVC專用膠來固定接頭,請先確認是否安裝妥當再使用。

每件作品都是獨一無二的,包括用什麼管型、決定管子長度,你必須經過多次試驗找出最正確的方式。以下是用1吋PVC管製作出的傢俱實例:

輕便貓床

動手製作一個輕便型的貓床,用到的材料包括一個平台和四隻床腳,床腳長度可任意調整。

組件:

8支12吋長(約30.5公分)的1吋PVC管(其中四支長度可縮短,以便調整高度)

4個管帽

4個三通接頭

1片布料

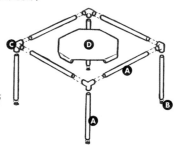

A 長12吋的PVC管

B 管帽

C 三通接頭

D 布料

中型貓跳台

　　用PVC管製作層架輕鬆又容易，不過要先想想貓咪們會怎麼從一層樓換到下一層，再著手設計你的貓咪傢具。

組件：

20支6吋長（約15.2公分）的1吋PVC管

24支12吋長（約30.5公分）的1吋PVC管

4支13.5吋長（約34.3公分）的1吋PVC管

8個管帽

16個四通接頭

8個三通接頭

6片布料

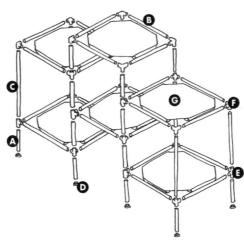

- **A** 長6吋的PVC管
- **B** 長12吋的PVC管
- **C** 長13.5吋的PVC管
- **D** 管帽
- **E** 四通接頭
- **F** 三通接頭
- **G** 布料

豪華遊樂器材

　　盡可能發揮你的想像力，為愛貓設計一整組遊樂器材，多樓層且內建磨爪柱，還有吊掛的小玩具！

組件：

36支6吋長（約15.2公分）的1吋PVC管

42支12吋長（約30.5公分）的1吋PVC管

4支13.5吋長（約34.3公分）的1吋PVC管

4支24吋長（約61公分）的1吋PVC管

28個四通接頭

12個三通接頭

4個T型管

12個管帽

9片布料

1張刷毛布吊床

劍麻磨爪柱

2個吊掛玩具

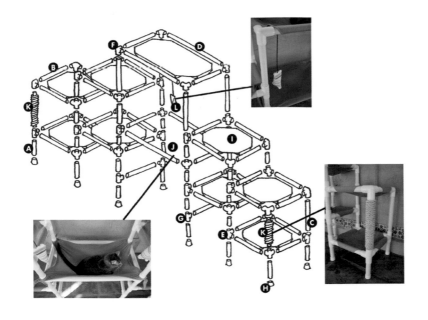

- **A** 長6吋的PVC管
- **B** 長12吋的PVC管
- **C** 長13.5吋的PVC管
- **D** 長24吋的PVC管
- **E** 四通接頭
- **F** 三通接頭
- **G** T型管
- **H** 管帽
- **I** 布料
- **J** 刷毛布吊床
- **K** 劍麻磨爪柱
- **L** 吊掛玩具

吊床製作

　　遊樂器材上的布製吊床作法很簡單，你可以考慮較厚重的帆布材質，但如果這組傢具你打算放在戶外或院子裡，最好選購防水抗曬的材質。布料的大小尺寸依照不同案例各自訂製，作法請參考圖説和以下步驟。

Step1：裁一塊各邊超過框架至少4吋寬（約10公分）的布料。舉例來説，如果框架為15×15吋（約38×38公分），你的布料必須裁剪23×23吋正方（如圖所示15＋4＋4＝23）。

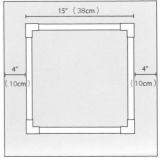

15″＋4″＋4″＝23″（38＋10＋10＝58cm）

15″（38cm）

4″
（10cm）

4″
（10cm）

Step2：將布料放在框架下，四個邊角向內摺，並露出框角，用熨斗先燙過摺痕，留出1～2吋寬（約2.5～5公分）的摺份後剪掉多餘布料。

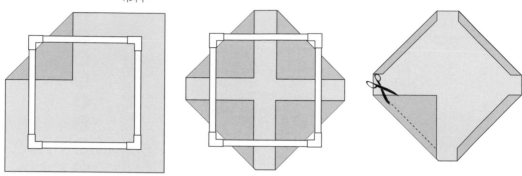

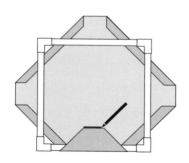

Step3：再次把布料放在框架下，把四個角向內摺，並於布料內裡以筆標記出摺份位置。

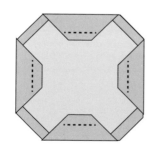

Step4：沿著標記位置車縫固定。

Step5：將管材套入布料，轉角處以接頭組裝固定。

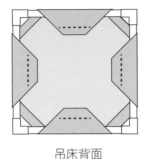

吊床背面

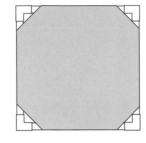

吊床正面

不需車縫的組裝方式

　　如果是不精於縫製的人，另外還有更快速簡便、不用縫就能
做好的方法。請選用稍有彈性的布料，不可有鬚邊，像刷毛布
就不錯。布料的各邊長度至少要比框架多出4吋（約10公分），
從布料四個角往內斜剪4吋，最後直接將剪開的地方兩兩打結綁
住。記住：這個簡易版吊床只適用在低處，並且有四個腳支撐的
結構上。

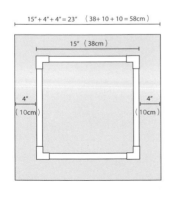

15" + 4" + 4" = 23"　（38+ 10 + 10 = 58cm）

15"（38cm）

4"
（10cm）

4"
（10cm）

加上劍麻磨爪柱

給貓咪一個做標記的地方吧！不妨在你的結構上加裝幾隻磨爪柱，無論在水平或垂直的管子都可以，只要綑上麻繩就行。先在管子鑽出一個比麻繩粗一點的孔洞（這裡用的是3/8吋粗麻繩和1/2吋的鑽孔），將麻繩穿入管子，塗上熱熔膠後慢慢纏繞上去，最後鑽好另一個洞來收繩索尾端。請注意繞到最後時，管子要保留足夠長度，以便套入接頭。

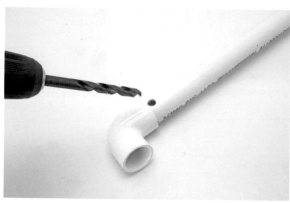

增加吊掛玩具

想要增加更多趣味性，只要吊掛一、兩個小玩具在你的傢具上就行了。找來你家貓咪最愛的玩具，把它接在彈力繩或其它線材上，另一端綁住PVC塑膠管，最好讓你的玩具懸吊高度高於貓咪可觸及的地方，這樣貓咪們才會奮力去玩。也可以掛著含有貓薄荷成分的玩具或者小鈴鐺，貓咪們一定會興致勃勃。

如下圖，我們在管子上鑽洞，把彈力繩穿過去後打個結，這樣就可以把玩具定位，你當然也可以直接綁在管子上。

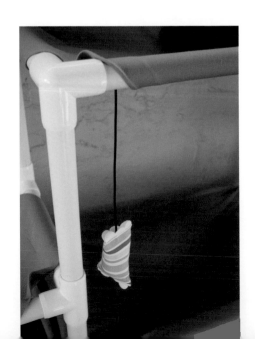

貓宅提供

艾琳・克雷頓・柯普

美國伊利諾州亞・坎布里

貓咪

努冰斯、希奧多、哈莉葉、莎拉、
佩妮、費勒

柯普家的
奇妙螺旋梯

我家的莎拉一直是位「窮緊張小姐」，我想讓她往垂直空間發展，建立更多自信；另外一位哈莉葉小姐，自從絕育手術後胖了不少，我也希望她多運動一下。我的想像是蓋一座貓咪專用的空間給毛小孩們增進樂趣，但也要繼續保持屋內原有設計風格。

材料和預算

　　我用到的白色木板共有三種尺寸：1×10、1×5、1×3吋（約1×25.4、1×12.7、1×7.6公分），另外還有油漆、填縫劑以及很多很多的螺絲。以上材料通通在居家修繕賣場一次搞定，總計金額為US＄200元。

艾琳的妙招

　　我是從一片木板開始的，上次改造後剩下一片尺寸1×10×8吋的木塊。我想為什麼不試著做做看？當時根本沒有具體計畫，我決定先在紙上作業，剪下了一個三角形作為樣本，接下來用很多個三角形拼拼湊湊起來。

　　於是旋梯的樣貌很快地模擬出來，但我得為旋梯設計一個終點站，只好又動筆畫了再畫，想了又想，我想確定這些東西不會影響室內原本的設計。查看了許多建築資料之後，我決定作一個環繞式的高架平台，採取古時工匠常在外觀上使用的齒狀裝飾設計。

　　無論你的個人風格，還是你的家，都沒道理和其他貓宅長得一個模樣。稍微腦力激盪一下，你也可以把一個空間改造成自己和毛小孩都很愛的地方。

成果發表

　　我家的哈莉葉小姐簡直迫不及待，整個超級公路還未全部完工前她已經到處視察，建造過程中她幫了我很大的忙，哈莉葉認真試用每個區塊來確認我做得夠好。

　　大功終於告成，我常常看到貓咪們在上頭整場繞圈奔跑，好似大象群重重地踏步在你頭頂上發出巨響！把小老鼠玩具丟上去也是個很棒的貓捉老鼠活動，我家貓咪的把戲是常常把小老鼠拍打下來，直接砸向坐在沙發上的我們身上。牠們也喜歡測試自己衝刺上下旋梯究竟有多快。對我們來說，也成為一個炫耀我們毛小孩的絕佳設備，「你去過柯普家才知道是不是討人喜歡，如果是，可能會有兩、三隻貓咪跑上去看著你。」

　　我知道莎拉小姐顯得自信多了，而哈莉葉小姐，她還是保持著「好」身材，大家都過得很開心。

從人類的眼光來看，我愛極了這旋梯的樣子，它與原來的室內風格絕美相配，但我更感動的是，這是出自主人對貓咪的深深寵愛而激發出的設計靈感。這是貓宅檔案的模範生，告訴人們誰才真正得了「瘋狂貓小姐症」。不過，這些你們都做得到的！

從給貓咪的功能上來說，我必須提醒這個裝置有潛在危險，如果能全部都鋪上止滑毯會更好，因為貓咪睡著時很有可能從高處滑下來。另外，還會想看到其他的替代道路，讓貓咪上下超級公路時可以有更多選擇。如果我是一隻緬因貓，有旋梯和坡道兩條路可選的時候，我應該會選坡道。能夠讓貓咪自由選擇應該不錯！

奇思妙想出的旋梯果然不同凡響，你幾乎不會猜到這是給貓咪用的。我必須說這個案例真的很出色，因為一個超美旋梯，讓屋內風景更富想像力，沒養貓的人看到房子會以為這件設計傢具是用來放盆栽或展示紀念品用的。這也是另一種想法，如果你擔心房子太像貓宅，艾琳的示範恰巧能激發你的靈感，問問自己，手上的元素能不能被用在一般沒有寵物的家庭？如果答案是可以，那麼你的設計將非常具有融合性（雖然我認為每個家庭都應該養一、兩隻貓咪！）。

拇指姑娘
的戰爭與和平

本篇文章來自節目《管教惡貓》第五季第十三集的幕後花絮

蕾拉妮和麥可擁有兩隻小巧纖細的暹羅貓——拇指姑娘和奇妙仙子，兩隻貓咪優雅相伴一直很愉快，直到有天他們決定讓兩隻F2豹貓——提格和薩哈拉加入這個大家庭！無論怎麼看這場戰爭都會一觸即發。不出所料，貓咪們之間的衝突越演越烈，很諷刺的是，挑起戰爭的竟是個子最小的拇指姑娘。還記得前面談到的「拿破崙貓咪」嗎？你絕對想不到一隻5磅重（約2.3公斤）的羽量級貓咪，因為對地盤的恐慌不安，主動挑釁30磅（約13.6公斤）的重量級對手，除了內戰頻傳之外，還開始一連串在屋內的猛烈「尿」攻。我所準備的第一招，就是多放置一些氣味接收的裝置，幫助暹羅貓

拇指姑娘建立自己的領土所有權。等到我第二次回訪，的確每個東西都被做了氣味標記，但不是我想的正面反應，這些東西都被尿翻了，仍然烽火連天。你得深深記住，當你打算調解25～30磅重貓的紛爭，你是用身體和心理和牠們對抗，完全是一場夢魘。

雖然蕾拉妮和麥可住在一棟兩層樓附加庭院的房子，但似乎對四隻貓來說還不夠寬裕，因此我建議他們從客廳開始改造，先提供一些基本原則讓他們著手進行，我之後再抽空回來看，這時他們已

經加蓋一條迷你跑道在玻璃推門旁，另外還有一棵貓樹，正覺得為他們的努力感到高興時，卻發現他們做得不夠認真。麥可是個好木工，也發揮所長做了滿多不錯的東西，但我對蕾拉妮的退縮非常失望，因為她說她對美學要求很高，一點也不想希望弄成瘋狂老太太的貓屋，毀了原本的居家風格，我試著測試她對貓咪可以承諾的程度。老實說，我覺得她辦不到。

　　突然他們又來告訴我，有個驚喜送給我，他們邀請我上樓，砰！我嚇到了，他們在工作室裡打造一整間貓室，根本是超級貓咪宴會廳，照著我告訴他們貓咪需要的東西，他們全部自己一樣樣設計。我簡直太震驚快要暈過去，走進房間裡，每個角落都實踐了貓咪共和國的理想，貓宅檔案的終極版，我只是提供基本素材，他們卻用得非常極致，超乎想像的美好。

　　每一項設計都很精準，我提到的交通分流，被設計在天花板上的環狀通道上；麥可甚至鑽進閣樓一一安裝那些支撐柱來連接整條道路，他親自測試了這個結構的強度，空間裡的上下交流道也非常完

整，貓咪們可以輕鬆下至地面，也能快速回到高處。每一項元素都精彩萬分，真心為他們的成就感到驕傲，他們所付出的一切讓家庭回到正常軌道。蕾拉妮和麥可接下來必定會從這個貓宅大本營獲益良多，並能繼續這個美好經驗，往其他區塊擴充下去。

🐾 貓咪大本營 🐾

　　這裡的大本營是指一個從零開始的根據地。像蕾拉妮和麥可的作法，先策略性地把氣味接收器分布至各個角落，毛小孩跟人類一樣都需要歸屬感，這個沙發給你、那張床鋪給牠們、這張椅子是你的、那個窗邊布毯平台給她。氣味的交換融合讓牠們漸漸感受到大家同在一個屋簷下，餐碗、貓砂盆、磨爪柱的安排能讓這裡成為貓咪天堂。

　　建立一個大本營對於搬新家似乎很有效，但是要重新規劃貓咪空間卻不容易。如果某個物品已經被確立並成為不錯的社交重點，其實換到另外一個地方也許能有相同效果，接下來你只需要增加一些東西並汰換掉舊品即可。從這次的大本營經驗看，已經開創出一個可以複製的安全設計。

貓宅提供

凱倫·瑞伊

美國加州·聖地牙哥

貓咪

札克立

呼嚕一座橋

有時候你發現整條精心設計的超級公路，竟然延伸到底沒路了，這時候應該像個都巾規劃專家一樣開始思考對策。凱倫的案例正好是個優良範本，他的兩個櫃子之間有一段尷尬的距離，貓咪直接跳過去似乎有點風險，所以他為札克立搭建了一座新橋跨越過去，果然變成家中美麗的建築特色，整條超級公路無縫接軌，讓札克立開心得呼嚕不停。

基本要素

很多貓咪喜歡啃咬電源線，你無法想像可能會發生什麼事，優先安裝保護措施可以避免很多問題，另外可以做的就是給貓咪們更多好玩的玩具和刺激，以免牠們把咬電線當作樂趣。

被啃咬過的電線

加了捲式結束帶的電線

貓宅提供

鮑伯&琳達・史塔佛夫婦

美國奧瑞岡州・懷德威勒

貓咪

山姆和諾頓

反璞歸真

迎入自然與愛貓相依偎

我們想要給貓咪一個夠高的結構，可以爬上去玩、可以休息打盹，而且利於從制高點觀察被窗外餵鳥器引來的小鳥。

材料和預算

我們住在樹林裡，累積了不少之前自家施工時已經處理好的木料，像是不久前剛做過一組階梯，所以我們想用這些剩料打造貓咪傢具，找來之前層架用的木芯板，鋪上我們剩下的一些與地板同樣材質的地毯，完成的跳板另外用幾片廢棄角材把邊緣包覆起來。真正花錢買的只有層板支架和一些固定配件，最後將所有木材塗上木材專用的保護漆，總花費不到US＄20美金。

鮑伯與琳達
的妙招

我們經常儲備著去皮完成的木材，只需要想想用那塊木頭鋸成什麼長度？用在哪裡？這次用的木頭長得很有趣，頂端有個樹瘤，我們留下它並且用砂紙整個磨過，接著處理每片跳台並鋪上地毯，將跳台以固定五金鎖上主結構後，再添幾根樹枝增加強度。底端則另外做了一塊加上地毯的磨爪板，和最低的跳台簡單相接，方便未來移除或者重新鋪毯。

成果發表

我家貓咪其實並沒有在第一時間跑上去嘗鮮，牠們可能想這是一個新傢具，所以暫時沒打算跳過去，於是我們丟了幾個玩具引誘牠們，山姆與諾頓很快就發現這棵貓樹是給牠們玩的地方，牠們很喜歡貓樹上的遼闊視野，從這裡就能監測樓上樓下的情形，最高的一片跳台比較寬敞，成為牠們躺下休息或打盹的最愛。這個成果我們自己非常滿意，貓樹和旁邊的階梯很搭調，貓咪們在家就像在戶外一樣逍遙自在。

🐾 **傑克森說**

　　史塔佛夫婦的貓樹反璞歸真，兼顧主人的居家美感和毛小孩的功能需求。這座貓樹放在家裡完全一片和諧，安排的位置也萬中選一，不但掌握了制高點，也控管了上下樓梯的領土權。當然最令人激賞的是直接選用居家周圍的天然建材，不用擔心是否和居家風格搭調，甚至為室內空間更添景致。

　　讓我們再往前想一步，鮑伯和琳達已經打造了幾乎完美的貓樹，但除了上下路線之外，目前尚未延伸其他通道，比如在和貓樹上方屋樑等高的地方再連接一些層板環繞整個屋內？或者把頂層跳板繼續向上發展直通樓上？我覺得還不錯，尤其是未來還可能多養幾隻貓呢？是不是？（是不是真該多養幾隻？）

　　我也很同意傑克森的看法，貓樹超級美，而且和原來室內設計非常融合，我也很喜歡那個底端延伸小抓板的點子，因為已經考慮到可以輕易移除，未來汰舊換新就變得更簡單，這也很棒！貓咪喜歡去磨爪的設施都必須定期更換，這在一開始進行貓宅改造時，規劃方便更換的設計非常非常重要。

結語
conclusion

《管教惡貓 傑克森的貓宅大改造》留給你們很多功課，我們自己也是。
本書出版過程中有各種任務等著我們，我們想要讓你覺得驚喜，能夠激
發靈感，不管你是瘋狂喵星人，或者正好是有一隻貓的朋友；無論你目
前住在高級華廈，還是一間套房；你可能在鄉下、在大都會，或者城市
近郊……就像我們常說的，每個有需求的家庭都是我們的讀者。

　　接下來，最後的測驗即將開始囉：

你的愛貓走進房間，朝向窗簾布幔走去，喵了一聲，你會？

a. 開始擔心價值不菲的花瓶會被打破。

b. 不用理牠，想想今天晚餐吃什麼吧。

c. 思考如何為家裡的樹林派貓咪，將窗簾、書櫃和窗戶旁的貓樹調
整到最適當的位置。

除了你家的四隻貓咪，另外還有一隻隱形貓整天躲在床底下，你會怎麼做？

a. 假設牠知道自己想要這種清靜，所以不如讓牠這樣就好。

b. 把牠的空間弄得更舒服一點，比如增加一些貓床墊子在牠喜歡待的地方，而且確定那些空間都清掃過。

c. 把牠推向前線面對挑戰，封住禁區，換成幾個不同形狀和尺寸的安全貓窩，讓牠勇於面對新世界。

你家某一隻貓總是不斷地在餐廳角落裡亂尿，你會？

a. 一直去清理，一邊叨念著你為牠們做這麼多事，卻收到這種惡意回報。

b. 用實驗的精神，試著搬一張椅子放在案發地點上，安裝一臺空氣清淨機，然後假裝什麼事都沒發生過。

c. 想想可行辦法，比如多放一個貓砂盆在角落，對你來說尚稱美觀，而且貓咪可能真的會用。

恭喜通過測驗！這是一份畢業禮物，我們想要送上一副閃亮嶄新的貓咪眼鏡，有了這副眼鏡你就會有解決問題的能力，可以在第一時間防止問題擴大。從今天起，每當你的愛貓走過來，你應該很有自信知道牠們想要什麼，牠打算要做什麼，像人類孩子一般，你知道怎麼去平衡生活的舒適與挑戰，引導牠迎向美好未來，成為牠想成為的樣子。

雖然貓咪眼鏡會大力協助你，我們更清楚是有一顆守護之心引領著你，這一切從貓咪同伴得來的靈感、心血、理想、無盡的好奇心以及無條件的愛，這些都是無形資產，是這些完整了貓宅改造任務。

　　我們希望你已經更流利的使用著貓宅檔案的語言，並且記得要繼續前進。如果把你所能想到的每個點子分享出來，就可能會幫助世界上某位無緣見面的貓咪主人化解正在煩憂的事。你有機會拉一把某位幾乎跌入絕望深淵的人，他差點因此把貓咪送到安置中心。透過經驗分享、創造力交流和熱血付出，我們眾志成城可以挽救和滋養許多生命。就在當下運用知識和許下承諾，讓你家的貓咪更快樂，行有餘力還能幫助更多貓咪有家可歸，幸福一世！

致謝
Acknowledgements

　　凱特與傑克森特別要向以下親朋好友以及各組織團體深深致謝，謝謝他們無私分享和奉獻這些奇特、令人讚嘆、至關重要的好點子。從鼓舞人心的靈感到親力親為的創造，盡心盡力超乎想像，我們真心感恩並覺得榮幸能獲得大家的信任，有機會引導人們了解正在開發中的貓宅領域。

　　感謝Sara Carder與她所帶領的Tarcher/Penguin出版團隊——Joanna Ng、Brianna Yamashita、Claire Vaccaro、Meighan Cavanaugh。

　　感謝David Black Agency公司的Joy Tutela、Luck Thomas。

　　感謝Rebecca　Brooks與她所帶領的公關團隊Brooks　Group　PR——Niki Turkington、Lindsay Smith、Esther McIlvain。

　　感謝Josephine Tan與她所帶領的管理顧問團隊 Tan Management——Kevin Krogstad、Jessica Hano。

　　感謝動物星球頻道、Discovery頻道、Eyeworks　USA，沒有他們就沒有「　住宅貓化」（Catification）這個妙字可以向全世界數以千萬計的家庭們發聲。

　　特別感謝超過100隻貓咪和其家人們，謝謝你們願意向動物星球頻道《管教惡貓》這個節目公開你們的家，並敞開胸懷歡迎我們

　　由衷感謝

　　CatMojo團隊——Siena Lee-Tajiri、Toast Tajiri、Heather Curtis。

LEG團隊—— Norm Aladjem、Carolyn Conrad、Ivo Fischer。

The Good ship Mojo 團隊—— Schreck、Rose、Dapello & Adams、William Morris/ Endeavor。

謝謝日以繼夜工作的美術團隊為我們還原真相——Catherine Madrid、Nica Scoot，兩位為本書製作了無數美麗的插圖。謝謝Linda Pelo小姐的專業行政協助，讓我們整個流程圓滿順利，謝謝Susan　Weingartner、Joanne McGonagle、Peter Wolf、Ingrid King諸多幫忙。

謝謝貓宅共和國所有成員為本書貢獻的寶貴意見、絕妙想法以及無限靈感。

謝謝我們的貓咪焦點團體所有成員，因為牠們的存在，時時刻刻提醒著我們為何而忙、為什麼寫這本書。以下用字母順序一一唸出名字：

傑克森家的Barry、Caroline、Chuppy、Eddie、Lily、Oliver、Pishi、Sophie、Veloruria。

凱特家的Ando、Andy、Bear、Claude、Dazzler、Flora、Lilly、Mackenzie、Mama Cat、Margot、McKinley、Ratso Katso、Sherman、Simba、Sylvia。

誠摯感謝

傑克森

誠摯感謝我的靈魂伴侶Minoo。

凱特

謝謝我的經營團隊Hauspanther studio——Gerda Lobo、Star DeLuna、Sara Santiago。謝謝我的父母 Don & Barbara Benjamin 從這個瘋狂冒險的最初一直默默支持。謝謝Mark，不但在這本書進行期間為我照料整個經營團隊，並且和我一樣好好愛著他們。

索引 index

管教惡貓　傑克森的貓宅大改造

圖片提供和繪製
photo and
illustration credits

Page 12：圖片提供_ Rebecca Brittain

Page 13：圖片提供_ Kate Benjamin

Pages 28－30：繪製_ Nica Scott

Page 56：繪製_ Nica Scott

Page 65 圖片集：

貓咪：MAKI 守護者：Edith Esquivel Eguiguren 地點：Cuernavaca, Morelos, Mexico	貓咪：ZACHARY 守護者：Karen Rae 地點：San Diego, California 攝影：Colleen's Custom Pet Photography	貓咪：TED 守護者：Ryan and Lizzie Lewis 地點：Santa Monica, California
貓咪：PASHA 守護者：Michelle Fehler 地點：Phoenix, Arizona	貓咪：TOMMY 守護者：Donna J. Crabtree 地點：Tijeras, New Mexico 攝影：David Murphy	貓咪：SUGAR 守護者：All About Animals Rescue 地點：Glendale, Arizona 攝影：Kate Benjamin
貓咪：L.T., LEON, AND SHERLOCK 守護者：John and Debi Congram 地點：Arlington Heights, Illinois	貓咪：TANOSHII 守護者：Heidi Abrahamson 地點：Phoenix, Arizona	貓咪：JEZEBEL 守護者：Cheri and Naren Shankar 地點：Beverly Hills, California 攝影：Susan Weingartner Photography

Page 131 圖片集：

貓咪：WOBBLY 守護者：Sara and Erik 地點：Minneapolis, Minnesota	貓咪：SPORTY AND WALLABY 守護者：Kacy Turner 地點：Fairfax, Virginia	貓咪：KEEPER 守護者： Rebecca Mountain 地點：Orange, Massachusetts
貓咪：EARL 守護者：Matt and Diana Samberg 地點：Pittsburgh, Pennsylvania	貓咪：PRECIOUS 守護者：Mandy Brannan 地點：Cheyenne, Wyoming	貓咪：PISHI AND GUS 守護者：Keith and Eileen Phillips 地點：Madison, Alabama
貓咪：BONEY MARONI 守護者：Dawn Kavanaugh and Mike Francis 地點：Glendale, Arizona 攝影：Kate Benjamin	貓咪：GRACIE 守護者：Dave and Kathleen Pickering 地點：Danville, California	貓咪：LUNA 守護者：Kim Pelaez 地點：Largo, Florida

Pages 133 - 134：圖片提供_ Nico & Katu

Page 135： 繪製_ Catherine Madrid

Page 136：圖片提供_ Nico & Katu

Pages 138 - 140：圖片提供_ Kate Benjamin

Page 141：圖片提供_ Kate Benjamin。繪製_ Catherine Madrid。

Pages 143 – 144：圖片提供_ Wendy and David Hill

Page 144：繪製_ Catherine Madrid

Page 145 圖片集：

貓咪：AMBER 守護者：Alinta Hawkins 地點：Sarasota, Florida	貓咪：SIDNEY 守護者：Mary Jane Chappell-Reed 地點：Lexington, Kentucky	貓咪：DORA 守護者：Linda and Tom Pelo 地點：Parker, Colorado
貓咪：PASHA 守護者：Michelle Fehler 地點：Phoenix, Arizona	貓咪：MOMMY CAT 守護者：Cheri and Naren Shankar 地點：Beverly Hills, California 攝影：Susan Weingartner Photography	貓咪：TONKS 守護者：Chuck and Cindy Schroyer 地點：Morgan Hill, California
貓咪：TANOSHI 守護者：Heidi Abrahamson 地點：Phoenix, Arizona	貓咪：FRIDA 守護者：Leyla Menchola and Julissa Menchola 地點：Callao, Peru	貓咪：ZEVY 守護者：Dawn Kavanaugh and Mike Francis 地點：Glendale, Arizona

Pages 146 – 149：圖片提供_ Jenne Johnson

Page 149：繪製_ Catherine Madrid

Page 150：圖片提供_ Kate Benjamin

Page 151：圖片提供_ Peter Wolf

Pages 152 – 156：圖片提供_ Marjorie Darrow and Ryan Davis

Page 160：圖片提供_ Kate Benjamin

Pages 162 - 163：圖片提供_ Kate Benjamin

Pages 166 - 167：圖片提供_ Kate Benjamin

Page 168：圖片提供_ Kate Benjamin。繪製_ Catherine Madrid。

Page 169：圖片提供_ Kate Benjamin

Pages 170 - 171：圖片提供_ Sylvia Jonathan

Page 172：繪製_ Catherine Madrid

Pages 173 - 176：圖片提供和繪製_ Kate Benjamin

Page 177 圖片集：

貓咪：MINGAU AND OLIVIA 守護者：Cynthia Thompson and Diogenes Savi Mondo 地點：Porto Alegre, Brazil	貓咪：CAPTAIN ROUGHY AND GILLIGAN 守護者：Lynn Maria Thompson 地點：Neptune Beach, Florida	貓咪：MAUR 守護者：Wendy Kaplan 地點：Fort Lauderdale, Florida
貓咪：MANGROVE 守護者：Jane and Bud 地點：Portsmouth, Virginia	貓咪：GOOGLE 守護者：Candace Porth and Tony DiGiovine 地點：Phoenix, Arizona	貓咪：ABBY 守護者：Toni and Mark Nicholson 地點：Hartselle, Alabama
貓咪：BUFFY 守護者：Melissa Claire Burgan 地點：Milwaukee, Wisconsin	貓咪：PASHA 守護者：Michelle Fehler 地點：Phoenix, Arizona	貓咪：AMELIA 守護者：Peter Wolf 地點：Phoenix, Arizona

Page 231 圖片集：

貓咪：SQUATTER 守護者：Denna Beena and Travis Fillmen 地點：Orlando, Florida	貓咪：DORA 守護者：Linda and Tom Pelo 地點：Parker, Colorado	貓咪：KUNG FU TIGER LILY 守護者：Mary and David Murphy 地點：Austin, Texas
貓咪：OLIVER 守護者：Dana and Roger Rzepka 地點：Homer Glen, Illinois	貓咪：MAUR 守護者：Wendy Kaplan 地點：Fort Lauderdale, Florida	貓咪：HEISENBERG 守護者：Mike Wilson 地點：Grand Rapids, Michigan
貓咪：NALA 守護者：Keely F. 地點：Fairfax, Virginia	貓咪：MARMIE 守護者：Vanessa Curry and Kevin Ressler 地點：Mesa, Arizona	貓咪：CRACKER 守護者：Patrick and Johnida Dockens 地點：Mesa, Arizona

Pages 232－235：圖片提供_ Enno Wolf

Pages 236－243：圖片提供_ Kate Benjamin

Pages 244－246：圖片提供_ Carrie Fagerstrom

Pages 247－248：圖片提供_ Kate Benjamin

Pages 254：圖片提供_ Kate Benjamin

Page 255：圖片提供_ Kate Benjamin。繪製_ Catherine Madrid。

Page 256：繪製_ Catherine Madrid

Pages 257－260：圖片提供_ Kate Benjamin。繪製_ Catherine Madrid。

Pages 261－262：圖片提供和繪製_ Kate Benjamin

Page 263：圖片提供和繪製_ Kate Benjamin.

Pages 264－265：圖片提供_ Kate Benjamin

Pages 266－269：圖片提供_ Erin Clanton Cupp

Page 277：圖片提供_ Kate Benjamin

Pages 279－280：圖片提供_ Bob and Linda Stafford

Solution Book 75X

管教惡貓 傑克森的貓宅大改造【暢銷新版】
解決喵星人不法行為的33個驚人創意

作者 | 傑克森·蓋勒克西 Jackson Galaxy、
　　　凱特·班潔明 Kate Benjamin
責任編輯 | 蔡竺玲、李與真
譯者 | 盧俞如
封面設計 | 白淑貞
美術設計 | 詹淑娟
行銷企劃 | 張瑋秦、李翊綾

發行人 | 何飛鵬
總經理 | 李淑霞
社長 | 林孟葦
總編輯 | 張麗寶
副總編輯 | 楊宜倩
叢書主編 | 許嘉芬

出版 | 城邦文化事業股份有限公司麥浩斯出版
地址 | 104台北市中山區民生東路二段141號8樓
電話 | 02-2500-7578 傳真 | (02) 2500-1916
E-mail | cs@myhomelife.com.tw

發行 | 英屬蓋曼群島商家庭傳媒股份有限公司城邦分公司
地址 | 104台北市民生東路二段141號2樓
讀者服務專線 | (02) 2500-7397；0800-020-299（週一至週五 AM09:30～12:00；PM01:30～PM05:00）
讀者服務傳真 | (02) 2578-9337
E-mail | service@cite.com.tw
訂購專線 | 0800-020-299（週一至週五上午09:30～12:00；下午13:30～17:00）
劃撥帳號 | 1983-3516
劃撥戶名 | 英屬蓋曼群島商家庭傳媒股份有限公司城邦分公司

香港發行城邦（香港）出版集團有限公司
地　址 | 香港灣仔駱克道193號東超商業中心1樓
電話 | 852-2508-6231
傳真 | 852-2578-9337
電子信箱 | hkcite@biznetvigator.com

新馬發行城邦（新馬）出版集團 Cite (M) Sdn. Bhd. (458372 U)
地址 | 41, Jalan Radin Anum, Bandar Baru Sri Petaling, 57000 Kuala Lumpur, Malaysia.
電話 | 603-9056-3833
傳真 | 603-9057-6622

總經銷 | 聯合發行股份有限公司
電話 | 02-2917-8022
傳真 | 02-2915-6275

製版印刷 | 凱林彩印股份有限公司
版次 | 2020年2月二版一刷
定價 | 新台幣450元
Printed in Taiwan 著作權所有·翻印必究（缺頁或破損請寄回更換）

國家圖書館出版品預行編目(CIP)資料

管教惡貓 傑克森的貓宅大改造【暢銷新版】：解
決喵星人不法行為的33個驚人創意 / 傑克森.蓋
勒克西(Jackson Galaxy), 凱特.班潔明(Kate
Benjamin)合著；盧俞如譯. -- 二版. -- 臺北市：
麥浩斯出版：家庭傳媒城邦分公司發行,
2020.02
面；　公分. -- (Solution book ; 75X)
譯自：Catification: Designing a Happy and
Stylish Home for Your Cat (and You!)

ISBN 978-986-408-577-4(平裝)
1.貓 2.寵物飼養
　　437.364　　　　　　　　　　109000214

Solution Book 書系

管教惡貓 傑克森的貓宅大改造【暢銷新版】

解決喵星人不法行為的33個驚人創意

個人資訊

姓名：＿＿＿＿＿＿＿＿　□女　　□男

年齡：□22歲以下　□23～30歲　□31～40歲　□40～50歲　□51歲以上

通訊地址：□□□－□□＿＿＿＿＿＿＿＿＿＿＿＿＿＿＿

連絡電話：日＿＿＿＿＿＿＿　夜＿＿＿＿＿＿＿　手機＿＿＿＿＿＿＿

電子信箱：＿＿＿＿＿＿＿＿＿＿＿＿＿＿＿＿＿＿

學歷：□國中以下　□高中職　□大專院校　□研究所

請問您從何處得知本書？
□網路書店　□實體書店　□Facebook　□親友分享　□貓咪相關網站
□作者粉絲　□其它＿＿＿＿＿＿＿＿

請問您從何處購得此書？
□網路書店　□實體書店　□量販店　□其它

請問您購買本書的原因為？
□主題符合需求　□封面吸引力　□內容豐富度　□其它＿＿＿＿＿＿＿＿

請問您對本書的評價？
（請填代碼：1 尚待改進　2 普通　3 滿意　4 非常滿意）
書名：＿＿　封面設計：＿＿　內頁編排：＿＿　印刷品質：＿＿　內容：＿＿
整體評價：＿＿

歡迎您寫下對本書的回饋建議：

＿＿＿＿＿＿＿＿＿＿＿＿＿＿＿＿＿＿＿＿＿＿＿＿＿＿＿＿

□同意　□不同意　收到麥浩斯出版社活動電子報

漂亮家居 HOME
麥浩斯

請貼
郵票

10483
台北市中山區民生東路二段141號8樓
漂亮家居 圖書編輯部 #3395收

請將此頁撕下對折寄回
（或將前頁**填寫完**拍照私訊漂亮家居好生活FB粉絲團）

書名：**管教惡貓 傑克森的貓宅大改造【暢銷新版】**：解決喵星人不法行為的33個驚人創意

寄回函

抽Momocat摸摸貓 瓦楞貓屋 （共3名）（市價：NT.$650）

2020年5月31日前
（以郵戳或訊息時間為憑）
寄回本折頁讀者回函卡

2020年6月10日抽出3位幸運讀者

活動備註：
1.請務必填妥：姓名、電話、地址及E-mail。
2.得獎名單於2020年6月10日公告於
漂亮家居好生活粉絲團
https://www.facbook.com/myhomelifie/
3.獎品僅限寄送台灣地區，獎品不得兌現。
4.麥浩斯漂亮家居出版社擁有本活動最終解釋權，如有未盡事宜，以漂亮家居好生活粉絲團公告為主。

漂亮家居好生活
粉絲團

【尺寸】長40cm／深35.5cm ／高43cm
【重量】約2.2kg
【承重】約45kg
※圖片為組裝後示意圖，不挑款隨機出貨，需自行組裝。